U0623772

SHI DA

KEXUE

FAMING

十大科学发明

刘路沙 **主编**

王 滨 **编著**

广西出版传媒集团 | 广西科学技术出版社

图书在版编目（CIP）数据

十大科学发明 / 王滨编著. —南宁：广西科学技术出版社，2012.8（2020.6重印）

（十大科学丛书）

ISBN 978-7-80619-384-6

Ⅰ．①十… Ⅱ．①王… Ⅲ．①创造发明—技术史—世界—青年读物②创造发明—技术史—世界—少年读物 Ⅳ．① N091-49

中国版本图书馆 CIP 数据核字（2012）第 190777 号

十大科学丛书
十大科学发明
王　滨　编著

责任编辑： 陆媛峰		**封面设计：** 叁壹明道	
责任校对： 苏兰青		**责任印制：** 韦文印	

出 版 人	卢培钊
出版发行	广西科学技术出版社
	（南宁市东葛路 66 号　邮政编码 530023）
印　　刷	永清县晔盛亚胶印有限公司
	（永清县工业区大良村西部　邮政编码 065600）
开　　本	700mm×950mm　1/16
印　　张	11
字　　数	142千字
版次印次	2020 年 6 月第 1 版第 5 次
书　　号	ISBN 978-7-80619-384-6
定　　价	21.80 元

代序　致二十一世纪的主人

钱三强

　　21世纪，对我们中华民族的前途命运，是个关键的历史时期。21世纪的少年儿童，肩负着特殊的历史使命。为此，我们现在的成年人都应多为他们着想，为把他们造就成21世纪的优秀人才多尽一份心，多出一份力。人才成长，除了主观因素外，在客观上也需要各种物质的和精神的条件，其中，能否源源不断地为他们提供优质图书，对于少年儿童，在某种意义上说，是一个关键性条件。经验告诉人们，一本好书往往可以造就一个人，而一本坏书则可以毁掉一个人。我几乎天天盼着出版界利用社会主义的出版阵地，为我们21世纪的主人多出好书。广西科学技术出版社在这方面做出了令人欣喜的贡献。他们特邀我国科普创作界的一批著名科普作家，编辑出版了大型系列化自然科学普及读物——《青少年阅读文库》（以下简称《文库》）。《文库》分"科学知识""科技发展史"和"科学文艺"三大类，约计100种。《文库》除反映基础学科的知识外，还深入浅出地全面介绍当今世界的科学技术成就，充分体现了20世纪90年代科技发展的水平。现在科普读物已有不少，而《文库》这批读物的特有魅力，主要表现在观点新、题材新、角度新和手法新，

内容丰富、覆盖面广、插图精美、形式活泼、语言流畅、通俗易懂，富于科学性、可读性、趣味性。因此，说《文库》是开启科技知识宝库的钥匙，缔造 21 世纪人才的摇篮，并不夸张。《文库》将成为中国少年朋友增长知识，发展智慧，促进成才的亲密朋友。

亲爱的少年朋友们，当你们走上工作岗位的时候，呈现在你们面前的将是一个繁花似锦的、具有高度文明的时代，也是科学技术高度发达的崭新时代。现代科学技术发展速度之快、规模之大、对人类社会的生产和生活产生影响之深，都是过去无法比拟的。我们的少年朋友，要想胜任驾驭时代航船，就必须从现在起努力学习科学，增长知识，扩大眼界，认识社会和自然发展的客观规律，为建设有中国特色的社会主义而艰苦奋斗。

我真诚地相信，在这方面，《文库》将会对你们提供十分有益的帮助，同时我衷心地希望，你们一定为当好 21 世纪的主人，知难而进，锲而不舍，从书本、从实践吸取现代科学知识的营养，使自己的视野更开阔，思想更活跃，思路更敏捷，更加聪明能干，将来成长为杰出的人才和科学巨匠，为中华民族的科学技术实现划时代的崛起，为中国迈入世界科技先进强国之林而奋斗。

亲爱的少年朋友，祝愿你们奔向未来的航程充满闪光的成功之标。

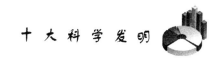

目　录

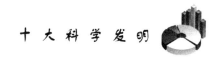

一、蒸汽机

传说，18世纪英国有位6岁的小男孩，他常常蹲在屋内炉前，专心致志、一动不动地观看水烧开时，水蒸气泡不断翻滚的情景。开水会沸腾，在一般人眼里本是极平常的事情，有什么可看的呢？然而，这个好奇心强烈的小男孩却向大人们提出了一个十分有趣的问题："为什么开水有那么大的力量能把壶盖顶起来呢？"

这位提问题的小孩名叫詹姆斯·瓦特。长大后，他成了举世闻名的大发明家，他对蒸汽机的划时代的改进和发明，曾改变了世界的面貌。他的名字和蒸汽机一起永远载入了史册。

1. 人类对动力的需求

"蒸汽的力量"早在古希腊时代就有人研究过。公元100年左右，埃及的亚历山大城有位名叫希罗的学者，制造了按照喷射反作用原理工作的蒸汽发动机雏形。一个锅炉里产生的蒸汽，通到中空圆球里，蒸汽从两个喷嘴喷射而出，喷汽的反作用使球回转，这个原理和我国古代曾流行的"走马灯"差不多。这种原始的机械装置，就是后来涡轮机的萌芽，虽然它可以产生很大的旋转速度，但产生的动力却很少，当然它很

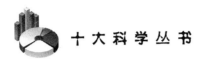

可能只是一种玩具。

直到 17 世纪末，作为能产生动力的机器——蒸汽机，无论是哪一种，还从来没有出现过，因而，有史以来，人们无论从事多么沉重的劳动，始终是依靠人力、畜力、风力和水力等自然力。

然而，在那原始、落后的人类生产和生活中，多么需要机器动力的帮助啊！这也许可以称得上是人类梦寐以求的一个古老夙愿。但是，科学技术的发展是有一个过程的，它是和生产的发展密切相关的。到了 18 世纪，在欧洲的一些地区，工业迅速发展起来，发展工业首先要有燃料和材料。由于木柴价格的不断上涨，大大刺激了煤矿的开采；又由于地球表面矿物逐渐减少，不能采用露天开采和横坑式开采，人们便开始向地下更深层去采矿。地下开采时，随着矿井越挖越深，矿井内积水严重，人们又不得不与"地下水"这个大敌作战，于是，矿山上的抽水和排水，成为一个大问题。

最初使用的抽水方法，全靠畜力和水力，难以满足生产需要。例如，当时德国的一个金属矿所使用的水泵，需要 90 多匹马来拖动，更有甚者，17 世纪末时，在英国某些矿区用来拖动水泵的马匹，居然增加到 500 多匹。很显然，这种动力的使用已近于极限。于是，人们便开始寻求畜力和水力之外的其他方法，渐渐将兴趣倾注在蒸汽动力上面。

2. 蒸汽时代的曙光

1698 年，英国的军事工程师萨弗里发明了一个使用蒸汽为矿井抽水的机器，并登记了专利。这种机器可以抽出地下 10 米深的水，当时被称为"矿工的友人"。这种"用火抽水的机器"，实际上是用于工业生产中的第一部蒸汽机。这种机器没有活塞，它的原理是通过蒸汽冷凝产生真空的办法取得动力。尽管这种机器在理论上是成熟的，但有许多技术上的问题还不能解决，因此缺点很多。不仅容易爆炸，汽缸经常破裂，而且效率也很低。

与萨弗里同时代的惠更斯与波义耳两位科学大师的学生巴本也在研究蒸汽机，巴本曾经从惠更斯那里学到了和火炮原理一样的利用火药爆炸做动力，推动活塞运动的理论，后来他把火药换成蒸汽来研究蒸汽机。虽然巴本研制的蒸汽机不能使用，但它却是气压蒸汽机的原型。

一晃又过去了十几年，苏格兰铁匠纽可门和他的徒弟接受了萨弗里和巴本的思想，在当时优秀物理学家胡克的指导下，研制成功了水泵用的气压式蒸汽机，其原理是：蒸汽由锅炉进入汽缸，推动活塞向上，经过摇杆把水泵活塞压下去。关闭阀门后，汽缸内蒸汽冷却，产生真空，大气压把活塞压下，则水泵把水提上来。

这种蒸汽机被后人称为蒸汽机发明史上的第一次重大突破。它实现了用蒸汽推动活塞做一上一下的直线运动，每分钟往返 12 次，一次可将 45.5 升水提高到 46.6 米。由于纽可门的机器能更好地应用于矿井排水工作，因此它很快被普遍采用了。1711 年，纽可门用这项发明建立了企业公司，专门生产这种蒸汽机。在英国北部，许多较深而被水淹没的矿井，由于使用了纽可门蒸汽机，摆脱了濒临绝境之危。1712 年，全英国的煤矿和金属矿都装配了这种机器。

但是，纽可门的机器并不那样完善。它的耗煤量很大，效率很低（最初热效率不到 1%），还不能作为其他工业的动力使用，只能用在矿山水泵上。尽管如此，把热能转化为机械能在采矿生产上的成功，为后来的蒸汽机发展奠定了基础。因此，人们认为，热机的发展史，是从纽可门那里正式开始的。

1768 年，英国发明家瓦特对纽可门蒸汽机做出了历史性的改进，

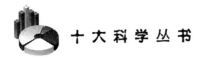

从而发明了近代蒸汽机。由于他后来大大提高了蒸汽机的热效率，并在这方面做出许多重要贡献，因而被人们誉为蒸汽机的发明人。瓦特的发明是技术发展史上的一个里程碑，它宣告了人类从此从石器时代经过铁器时代而进入"蒸汽时代"。

3. 瓦特的伟大功劳

瓦特于 1736 年出生于英国造船业中心格拉斯哥附近的格林诺克镇。他父亲是位造船木工，祖父、叔叔也都是机械工人，工人世家这一特定的家庭环境，使瓦特从小就受到机械制造知识的熏陶。他家境贫寒，没有上过一天学，无法受到系统的学校教育。但瓦特本人是一位勤于实践，善于用心思考问题的青年，他的知识和技能都是在社会这个大课堂上学到的。

瓦特的父亲十分崇拜牛顿，在家里挂着牛顿的画像，这使瓦特从小就萌生找机会接受高等教育，做个像牛顿那样的人的愿望。瓦特 18 岁开始当学徒工，学习修理机械仪器，之后又到伦敦的一家修表店学习修理和安装手表，后来他又回到格拉斯哥，在格拉斯哥大学担任修理教学仪器的工作。

1763 年，正是瓦特到格拉斯哥大学担任机械技师的第 6 个年头。这年，格拉斯哥大学从伦敦买回一台纽可门蒸汽机供演示实验用，但机器经常运转不灵，瓦特受安塔逊教授的委托，修理这部气压蒸汽机。

在接触纽可门蒸汽机之前，瓦特对有关蒸汽机的知识知道的并不多，只是在两年前，他曾用巴本研制的蒸汽锅炉协助布莱克教授进行过高压蒸汽实验。当纽可门蒸汽机运到实验室后，好奇心使从小就是机械迷的瓦特跃跃欲试，没等安塔逊教授吩咐，他就立即着手拆装和修理它了，半个多月来，蒸汽机迷住了瓦特，使他达到废寝忘食的地步。

瓦特耐着性子，费了九牛二虎之力，总算将蒸汽机修好了，但一试车，机器动作非常缓慢。瓦特不禁沉思起来。他想，是啥缘故使它动作如此缓慢呢？能不能让它动作快一些、利索些呢？带着许多疑问，他把机器拆开，又装好，认真观察，反复研究，终于找出这一机器的两大缺点：一是活塞动作不连续而且慢，二是蒸汽浪费太大。这种蒸汽机的蒸汽是在汽缸中冷却的，活塞每上下运动一次，汽缸就要冷却一回，因此，大量热能被用来加热汽缸而白白浪费了，这是造成蒸汽机热效率低的主要原因。同时，蒸汽机冷却后温度仍较高，真空度不好，也影响了机器的效能。

怎样才能保持汽缸的原有热量，还能使蒸汽凝缩呢？瓦特陷入了苦苦的沉思中。瓦特回到了他的实验室，将过去的资料重新翻检一番，打起精神又干起来，干累了就守着炉子烧壶水喝茶。一天，他正这样闷头喝着苦茶，看着那个儿时就引起兴趣的一动一动的壶盖，若有所思。突然，一个奇异的想法涌上脑际，这个想法仿佛是打开问题的钥匙，正所谓"苦修必有果，功到自然成"，瓦特豁然开朗了。他看看炉子上的壶又看看自己手中的杯子，猛然喊着："要让茶水凉，就将它倒在杯里，要让蒸汽冷，何不把它从汽缸里也'倒'出来呢？"根据这一思路，瓦特设计出一种新型的蒸汽机。

这种新型蒸汽机的结构是这样的：蒸汽进入第一个缸，即汽缸，蒸汽在这里推动活塞上升后，废汽再从一个阀门排入第二个缸，这个缸叫喷水冷凝器，蒸汽在这里被水冷却。当废汽排入冷凝器后，汽缸里的活塞就落了下来。热蒸汽接着进入汽缸，由于这时汽缸仍然保持高温，所以蒸汽的能量就不会被浪费。瓦特这种将冷凝器和汽缸分开的发明，使燃料节省了 75%，热效率提高 3% 以上。1769 年，瓦特取得了此项专利。

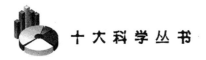

瓦特的蒸汽机

但是，活塞运动是往复式运动，如何将它与旋转运动作业的机器相联呢？如果这个问题不解决，蒸汽机就不能作动力机器使用，其意义就不大了。1781年，瓦特终于研制成功了一端作往复运动，一端作回转运动的曲轴（即火车头上的曲柄）。在瓦特正准备登记专利时，由于本厂职工泄露了秘密，别人在瓦特之前就登记了曲柄专利。瓦特只好再想办法，终于又发明了"行星轮机构"传动装置。他所利用的离心调速器和惯性轮技术，成了后来自动控制装置的先驱。

瓦特的发明并不是一帆风顺的。要制造出高效率的蒸汽机，光有实验室研究是不够的，必须解决加工工艺问题。例如：怎样把汽缸做成圆形，怎样把活塞杆加工得光滑笔直，怎样把阀门做得灵活而严密。另外，还得解决制造蒸汽机所需要的设备和材料问题。起初，为了进行研究，瓦特去向一位名叫罗巴克的工厂主借债，两人签定合同，如果新机器试验成功，工厂主将要分享三分之二的利润作为偿还，后来，罗巴克见瓦特进展不大，就宣布不再对他进行资助了，结果瓦特负债如山。幸亏格拉斯哥大学布莱克教授介绍他认识了发明镗床的威尔金技师，这位技师立即用镗炮筒的方法为瓦特镗制了汽缸和活塞，解决了那个最头痛的漏气问题。

之后，另一位慧眼识英雄的工厂主博耳顿开始向瓦特投资，瓦特有了资金接济便如虎添翼，到1784年，他的蒸汽机已装上曲轴、飞轮，活塞可以靠两边进来的蒸汽连续推动，不再依靠人力去调节阀门，所以这才是世界上第一台真正的蒸汽机。但这时距瓦特接手修理那台纽可门蒸汽机已经20个年头了。瓦特终于完成了这个划时代的发明。世界上每个人都有很多美好的理想，然而实现这些理想就要克服难以预料的困难。没有克服困难的坚强意志，再美好的理想也只能是空想。瓦特的伟大就在于他敢于不断地克服困难，促使理想走向现实。瓦特后来又与人合办了一个蒸汽机制造厂，他这一生再也没有离开过蒸汽机，直到1819年他以83岁高龄离开这个因他的发明已经变得很热闹的人世。

4. 拉开新的序幕

从瓦特开始，近代蒸汽机不断出世，并且应用范围也扩大了。除了用于矿山抽水，还用于炼铁、纺织等方面，解决了生产上亟待解决的机器鼓风等方面的动力问题，并由此导致了人类历史上第一次技术革命和工业革命。

技术是指人类改造客观世界的手段的总和。人们常将这种改造客观世界的手段的带根本性、有广泛影响的大的变革称为技术革命，迄今，我们人类历史上已出现了四次技术上的大变革。蒸汽机的出现就是第一次技术革命的标志，因为它改变了人类征服自然的动力手段，产生了前所未有的，能产生巨大能量的人工动力。蒸汽机的发明又影响和带动了其他领域技术的飞跃发展，形成了以蒸汽机为核心的纺织、冶金、机械

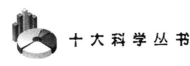

制造、交通运输等一系列新的技术群。

技术上的巨大变革必然会对工业生产产生巨大影响，导致工业生产体系的飞跃和深刻的变革，最终也会导致整个社会的巨大发展，这就是人们常说的工业革命。蒸汽机的发明，拉开了人类历史上第一次工业革命的序幕。马克思1848年在撰写《共产党宣言》时，对第一次工业革命的意义作过高度评价，他说："资产阶级在它不到100年的阶级统治中所创造出来的生产力，比过去一切世代所创造的全部生产力还要多，还要大。"

蒸汽机首先带动了纺织工业的发展。18世纪初，无论是纺纱还是纺布，都是作为家庭副业由农妇用手工完成的。1733年，英国工匠凯伊发明了织布飞梭，织布工只要拉动系在梭子上的绳子，就可以使梭子自动地在经线间穿插往返。由于织布速度的加快，使棉纱供不应求，刺激了多种纺纱机的发明。但最初的纺纱机和织布机都是以人力或水力为动力的，它们对于需要稳定动力的工厂是不适合的。蒸汽机的出现才使这些工作机器大大提高了效率，并形成了机器工业生产方式。

蒸汽机出现之前，英国主要是从瑞典和俄国输入生铁。当时炼铁的燃料是木炭，由于生铁产量的激增，到18世纪初，英国的森林几乎被

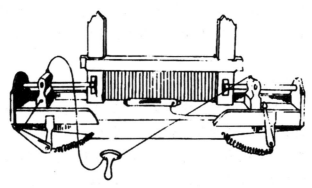

凯伊发明的飞梭

砍伐殆尽。1735 年，英国的达比父子发明了将煤先炼成焦炭，然后再用焦炭炼铁的方法。这种炼铁方法需要强大动力的鼓风机，于是，1776年以后，瓦特的蒸汽机很快在炼铁业中用于鼓风，使生铁产量开始迅速增加。从 18 世纪末到 19 世纪 70 年代，英国生铁产量一直占全世界生铁总量的 50％左右。

人们对蒸汽机的大量需求，必然导致对能生产大量蒸汽机的工作母机的需求。瓦特蒸汽机成功的关键在于汽缸与活塞的加工精度。1775年，威尔金为了加工瓦特蒸汽机，发明了镗床，使加工误差达十分之一英寸；1797 年工匠莫兹利发明了带有活动刀架的车床，这种车床的床身上装有导轨，刀架可以沿导轨纵向和横向进刀，其结构与今天的普通车床已经没有什么不同了。1831 年，惠特沃恩设计了可以自动切削螺纹的车床，内斯米斯制造出蒸汽锤和刨床，为近代生产的机械化奠定了坚定的技术基础。

蒸汽机所引起的连锁反应，使人类文明进入一个崭新的历史时期——工业化社会。

5. 与马车比高低

蒸汽机作为动力在工厂中得到应用和推广，掀起了一场工业革命，但它对人类文明的巨大贡献，还表现在交通运输方面。

据说约在公元前 4000 年，古巴比伦有位不知名的撒马利亚人，他创造了一个轮。这大概是世界上最早的轮子，也可以说，这是人类历史上一个伟大的发明。有了轮子，人们才造出了车。不过最初的车是很笨拙的。如四轮车，向左右转弯还很不方便，因为那时还没有发明可以使车轮左右转弯的轴结构。

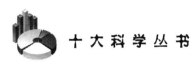

在漫长的人类历史中，车的结构虽然不断地在改进，但始终是以人力、畜力和风力为动力。人们虽然很早就幻想着各式各样的交通工具，但真正能自己行走的车，是在蒸汽机发明之后，只有这种车才敢和马车一比高低。

在瓦特发明近代蒸汽机的第二年（1769年），法国陆军工程师古诺发明了世界第一台以蒸汽为动力的车，它是用前边一个轮子驱动的三轮车。

用现代的眼光看，这种车的样子当然很不雅观，车身是用很重的木框架做成的，框架支撑着一个梨形的大锅炉，整个车身放在3个直径近2米的大轮上。别看它轮子很大，走路并不快，最高时速只有4公里，还不如一般人走得快呢！更遗憾的是，由于方向盘操纵困难，它时常发生事故，以致于在一次试车途中，撞到一家兵工厂的墙上，破损得七零八落。

1769年古诺的蒸汽汽车

之后，古诺用了一年半的时间，制成了第二辆车，这是一辆更大型的蒸汽车，它可以牵引四至五吨的重物，这辆车长7.2米，宽2.3米，有3个大木制轮子，时速达到9.5千米，它至今仍保存在巴黎国立工艺学院里。

世界上第一台蒸汽火车，是英国机械师特里维西克1801年制造的。说到火车，首先就要提到轨道。最早的轨道雏形是一种辙道，就是在石头上凿的槽道。据说几千年前，埃及人就曾利用这种辙道，把重达2.5吨的大石头运送到金字塔的建筑工地。16世纪时，出现了一种木轨，这是为了开采矿石而发明的。当时人们在实践中认识到，让装满煤或矿石的车子在这种木制的轨道上行驶，可以省许多力。然而，此时还没有铁轨，铁轨是 18 世纪才出现的。

1767 年，英国的金属大跌价，有一家铁工厂的老板生怕亏了本，便把工厂里所有存放的生铁，都浇铸成板条形的铁条，铺设在工厂的道路上。这样，一来能当路走，二来在铁价上涨后还可以再挖出来卖。可后来人们发现，车辆走在这种铺着铁条的道路上，非常省力，这启发了人们来修筑铁路，铁轨就这样被发明了。

特里维西克的火车当时能牵引 6 吨重的列车，时速达 8 千米，空载时速达 20 千米。遗憾的是，由于锅炉安装不当，机车振动较大，铁轨竟多处被震断。另外，这种火车消耗煤很多，常出轨，甚至不如马车，没人敢用。

真正使火车成为一种有效的运输手段的人，是保管机器的工人斯蒂芬逊。他是煤矿工人的儿子，8 岁开始放牛，14 岁在煤矿做工，工作中自学了物理学和火车原理等知识。早在 1813 年，他曾经制造出一台动轮与连杆相互联结的蒸汽机车，这种机车行驶在铁制轨道上的是光滑的动轮，而不是以前的齿轮，从而解决了机车出轨的问题。1822 年，斯蒂芬逊建立了机车车辆厂，并在斯托克顿到达林顿之间铺筑了 21 千米长的世界第一条铁路，这条铁路在 1825 年 9 月 27 日正式通车，车名为"旅行号"，每小时走 24 千米，载重 90 吨，乘坐 450 人。

对于斯蒂芬逊的"旅行号"，在当时也不是所有的人都拍手叫好。1825 年 3 月号的《评论季刊》就不相信它的威力，刊中说道："希望火车的速度能比马车快两倍，还有什么比这更为荒谬可笑的？照我们看，人们大概宁愿被康格里夫的火箭射出去，也不愿自己交托给这种快速机器来掌握。"

蒸汽机车出现后，许多人觉得它很恐怖，一时谣言四起，什么旅客会因高速而丧生，奶牛会因受惊而不产奶，草原和森林会被烧尽，等等。不少人信以为真，极力反对制造火车。甚至英国还制定了"红旗法”，要求有一人持红旗在前面开路，机车才准许行驶。多么大的讽刺啊！有些人不仅怀疑斯蒂芬逊的机车，还无情地嘲讽他。对于人们的这种怀疑和嘲讽，斯蒂芬逊和他的儿子罗伯。决定用事实来证明：火车是一种有前途的交通工具。于是，他们开始制造新的火车头“火箭号”。

此后不久，又出现一些别人制造的机车。于是，在英国一场戏剧性的竞赛开始了。这次比赛做出如下规定：凡是参加比赛的车，都要牵引一列满载石头的车厢，而其重量为车头的三倍，并要求在 2.4 千米的路程上来回走 20 次，获胜者可得到 500 镑的奖金。

“火箭号”机车

1829 年 10 月 6 日，比赛的日子到了。几辆 19 世纪初的火车精华以及马车、人力车，都跃跃欲试，准备争个高低。斯蒂芬逊父子制造的“火箭号”是其中之一。

比赛时，一辆设计漂亮的“新奇号”机车，当挂上车厢后，只听一声巨响，锅炉爆炸了。还有一辆“桑士巴里号”机车，虽然是个大块头儿，开动时声响浪大，喷吐出大口大口的黑烟，像有不可一世的劲头。但只走了 44 千米，许多零件先后出了毛病，最后汽缸破损，不能再动弹了。只有“火箭号”牵引着 17 吨重物，以平均每小时行走 22 千米的速度，荣获冠军。当评判员用惊奇的目光注视着表针时，“火箭号”又以每小时 46.6 公里的高速，冲过了终点线，上万名观众为此齐声欢呼。

从此以后，火车才得到了人们的重视，正式登上了历史的舞台，铁路运输在世界各国先后发展起来。即使在今天，我们仍可看到蒸汽机车在一些地区运行。

6. 水中的角逐

　　除了铁路运输，人类今天水上运输的发展也得益于蒸汽机的发明。我们知道，水占地球表面积的三分之二，陆地只占三分之一，对人类来讲，利用"舟楫之利"实在是太重要了。人类实际上很早就使用了水上交通工具。如果按照科学推测，估计人类起码也有六千年水上交通的历史，在新石器时代，我们的祖先就可能使用了独木舟。

　　最初的木船由于体积小，活动范围也有限。虽然单人划桨可以推船前进，比靠撑篙前进的舟筏要快得多，但速度仍是很慢。同时，由于人的力量是有限的，划小船还可以，划大船就困难了，尤其是长途、逆水、回流、顶风航行。至于远洋航行，靠人力就更不行了。怎样解决这个问题呢？人类的先驱者们经过千百年的观察、思索和实践，才找到了新的动力——风力。于是帆船出现了。我国3000多年前商代的甲骨文中就有帆的记载。

　　随着贸易和军事的需要，人们对船的装载量和速度提出了更高的要求。据说在1690年，纽可门的机器出现以前，人们就想到过用蒸汽动力来推动船，不过由于当时条件还不具备，未能实现。直到18世纪蒸汽机发明之后，首先出现了以蒸汽机为辅助动力的帆船，进而又演化为以风帆为辅助动力的蒸汽机船。

　　那么，第一艘靠机器推动的船是什么时间建造的呢？据说，1783年这种机器船就出现了，它是由一位名叫达班的人设计制造的，它长约40米，曾在法国里昂附近的罗纳河上逆水航行过。不过这艘船包括蒸汽机、传动装置和明轮在内的动力系统不太实用，它的费用超过了收

13

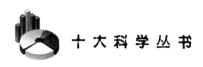

益，因此被淘汰了。同一时期出现的其他类似的蒸汽船，也都由于不能载货，或速度太慢（还不如帆船）等原因，全部废弃。1788 年，英国人赛明顿试制成蒸汽船，但由于在运河试航时，船浪冲蚀河岸，遭到运河主人的反对，也被搁置在那里。

所以许多人认为，第一艘成功地靠机器推动的船，是 1807 年在北美哈德逊河下水的"克勒蒙号"，它的设计制造者是美国人富尔顿，这样，富尔顿就被公认为轮船的发明者了。

富尔顿最初是学习绘画的，他年轻时来到英国进一步深造，后来找瓦特改学机械。1797 年，他去巴黎路过一条运河，看到了在岸上搁置的赛明顿曾试制的轮船。1803 年，富尔顿在巴黎的塞纳河上，制作了一只蒸汽机轮船，曾轰动一时。但由于船体结构设计得太薄弱，一遇风浪打击，船身就拦腰断，沉入河底了。

这个时期，为得到研制经费，他曾拿着蒸汽船模型向法国皇帝拿破仑建议，发展机动船海军，但未被拿破仑采纳，同时还遭到不少人的嘲笑和攻击。富尔顿并没有因此而灰心丧气，他是一个很有信心的人，他认为失败是成功之母。

后来，富尔顿由法国回到美国，继续研制轮船。1807 年 8 月 9 日，他终于在 42 岁时尝到了成功的果实。这一天，他设计制造的蒸汽轮船"克勒蒙号"在美国纽约市哈德逊河下水了。这是一条长 45 米，宽 9 米，排水量为 100 吨的划时代巨轮。到同年 8 月 17 日，"克勒蒙号"已试航了约 240 千米，证明非常成功，其航速比一般帆船大约快三分之一，每小时可达 6 千米。富尔顿终于用自己的成就回答了原来讥笑过他的人。

尽管在轮船的发明史上，富尔顿没有什么伟大的创造发明，他的功绩只是把瓦特发明的蒸汽机用在船上，并在大量试验的基础上确定了船型。但与其他伟大的发明家一样，他那种对待数次失败而不气馁的顽强精神、坚定的成功信念，以及从轮船后来对经济发展的巨大影响看，无疑会使后人永远缅怀这位发明史上的英雄。

蒸汽机的发明在人类的发明创造史上，是一个重要的里程碑，它是人类从落后走向先进，从野蛮走向文明，从被动服从自然到主动变革自然的重大转折点。它使人类充分认识了自身的创造价值和潜能，对征服自然、驾驭自然有了更大的信心。于是，从近代开始，一项又一项伟大的发明便五彩缤纷地呈现在我们的面前。

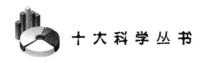

二、内燃机

今天，天空中飞的飞机，地面上行驶的汽车，已是人们最常用的交通工具。汽车、飞机的出现是继火车、轮船之后，人类交通运输史上的又一巨大飞跃。你可能会好奇地问：中国是四大发明的故乡，为何没有最先发明汽车和飞机呢？

的确，汽车和飞机最初都是由外国人发明的，但汽车和飞机关键的动力部分——内燃机的雏型，却最早出现在中国。1332～1351 年间，我国发明了世界上第一尊大炮。分析大炮的结构，你会发现：炮筒相似于气缸，炮弹相似于活塞，炸药相似于燃料，雷管的引燃又类似于汽油机火花塞点火，火药在炮筒内爆炸射出炮弹的过程正像内燃机完成了一个冲程。真是太妙了！这不正是往复活塞式内燃机的原理吗？也许当时发明大炮的人并不曾有这样深刻的认识，但可以肯定，我国发明的大炮，为内燃机的发明者提供了重要的启示。

1. 从蒸汽机到内燃机

蒸汽机与内燃机都属于"热机"，即都是把热能转化为机械能的发动机，所以也称为热力发动机。

18世纪蒸汽机的发明，出现了人类历史上第一次技术革命，改变了整个世界的面貌。但后来蒸汽机的许多缺点也明显地暴露出来，它已不能满足生产力不断增长的需要了。蒸汽机的缺点很多，比如，由于必须有锅炉，它的体积庞大而笨重，燃料的热能传给蒸汽后，再转化成机械功，效率很低。蒸汽机的缺点跟锅炉和气缸分离有关，也就是跟在汽缸外部的燃料方式有关，这种燃料方式简称外燃。早在蒸汽机发明的同时，就有人设想，把外燃改做内燃，即不用蒸汽做工作介质，利用燃烧后的烟气直接推动活塞运动，把锅炉和气缸合并起来，这就是内燃机。

早在1680年，荷兰物理学家惠更斯就提出利用火药的爆燃来推动活塞做功的设想，但他一直没有搞出来。100年过去了，1794年时，英国人斯垂特提出了一种采用燃料与空气混合的内燃机方案。当时斯垂特设想的燃料还不是汽油，而是松节油或柏树油，但他并没有造出这种机器来。1799年时，法国的一位化学家莱蓬又提出了新的用煤气做燃料的内燃机的设想，并准备采用电火花点火，不过也没有实现。

1820年，英国人赛歇尔提出了关于"以氢煤气为燃料的内燃机方案"，据说其模型在实验室中获得运转。但那个时候，设计者们在实践中还没有摆脱真空发动机的框框，即直接利用燃烧爆发的压力来推动活塞做功的内燃机还没有发明出来。

在1860年前后，也就是瓦特发明近代蒸汽机近百年的时候，关于内燃机的设想很多，但是实际造出来的却很少，一些制造出的内燃机既笨重，效率又低，很不实用。内燃机的发明之所以困难，主要有以下两个原因：

一是当时人们对内燃机的工作原理的研究相当少，还没有找到提高效率的途径。当时的人们已注意到，要想发展内燃机，必须有更加深入的理论来指导。当时还没有一位内燃机制造者能够做出正确的回答。显然，科学拖了技术的后腿，内燃机技术的发明，迫切需要有正确的理论指导。另一方面，内燃方式会引起与燃料有关的很多问题。例如，煤很难在短时间里迅速燃烧，产生推动活塞运动的具有一定压力的气体；用煤气做燃料，受气源的限制很大，效率低，很不经济。直到石油工业发展以后，即出现了汽油、柴油之后，内燃机才有了合适的燃料。

后来究竟是谁先完成了内燃机的发明工作的呢？至今这个问题世界上还有争论，法国和德国都分别认为他们是内燃机的发明国。一般公认，德国的雷诺是第一个制成实用内燃机的人，1860 年，他制成了一部二冲程，无压缩，电点火的煤气机，但这只是向现代内燃机迈进了重要的一步。

2. 智慧的探索

历史上最先提出热机的热效率问题，并认真作了研究的人是法国的工程师卡诺。据说，卡诺是一位兴趣十分广泛的人，他研究过许多问题，在这一点上他似乎与美国著名发明家爱迪生很相象。但可惜的是，卡诺在 36 岁时不幸死于霍乱瘟疫，又因为按照当时的风俗习惯，他遗留下来的东西物品，包括他的笔记、文稿全部被烧掉了，所以，关于他的许多研究结果已无法查寻考证。仅在 1878 年发现了他的 23 页残存的笔记。笔记中提到："热不过是动力，或者更确切地说，不过是改变了形式的运动。""在自然界中，动力在量上是不变的，准确地说，它是不生不灭的。"这就是早期表述能量守恒的言论。

据考证，卡诺一生中只出版过一本著作，就是 1824 年出版的《关于火的动力的考查》。在这本书中，卡诺并不像一些人所想象的那样，他不仅没有详尽无遗地描述一部现实的蒸汽机，也没有用经验的方法，去记录许多部蒸汽机表面上的共同点，而是探讨了热力学的问题，提出了热机循环和可逆的概念，即"卡诺循环"和"卡诺定理"。

如提到："任何一种热机都有一个效率极限，这同所使用的工作物质无关，只取决于锅炉和冷凝器之间的温度差。"这为以后热力学定律的建立奠定了重要的基础，为解决热机效率这个重大问题开创了道路。可是非常遗憾，卡诺的著作当时并没有引起人们的注意。直到1850年，这本书的创造思想，才被人们所公认和接受。

在卡诺之后，许多人都在热力学的研究方面做出过贡献。到19世纪中叶，由于实践的需要，已经有不少人接触到能量守恒这个问题，卡诺工作的重要性，此时才开始被人们认识到。1845年，英国著名物理学家焦耳总结出了热力学第一定律，即能量不灭原理。1851年，德国物理学家克劳胥斯和英国物理学家汤姆生概括出对热机效率具有普遍意义的热力学第二定律。1862年，法国铁路工程师德罗夏公布了他的内燃机理论，阐述了取得最高效率和最佳经济性能所需要的条件。

这些条件包括：点火前要高压，燃气要迅速膨胀，达到最大膨胀等。他还提出了实现这些条件的具体步骤，就是把活塞运动分做四个冲程：活塞下移进燃气；活塞上移，压缩燃气；点火，气体迅速燃烧膨胀；活塞下移做功；活塞上移排出废气。

尽管德罗塞没有实际制造出内燃机，但他的四冲程理论对内燃机的产生做出了不可磨灭的贡献。若是没有科学本身这些理论的积累，就是制造出一万台蒸汽机，也无法把热力学定律创造出来。可见，这段时间中人们的工作，正是一个从实践到理论的过程，而这恰恰是人们认识事物的一个重要阶段，在新理论的指导下，人们又开始了新的实践探索。

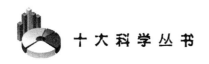

3. 瓜熟蒂落

热力学及内燃机理论为内燃机的发明创造了条件，再加上 19 世纪中叶以后，转炉、平炉炼钢法已相继出现，为内燃机的制造提供了充足可靠的材料，而且用钢铁制造的精密机床已经出现，从而解决了加工精密圆柱体活塞和螺丝等零部件的问题。1859 年，美国一位退休铁路乘务员德雷克钻出了第一口油井，从此，石油工业轰轰烈烈发展起来，汽油和柴油逐渐成了普通商品，被广泛用作燃料。

由于理论与实践的准备，以及相关技术的发展，内燃机的出现已是瓜熟蒂落、水到渠成的事情了。首先制成四冲程内燃机的是德国著名发明家奥托，奥托从 1854 年 22 岁开始，一直到 1891 年去世的 37 年中，始终从事内燃机的发明和研制工作。1876 年，他终于制成了世界上第一台四冲程往复活塞式内燃机，因此人们把内燃机的发明归功于他。

奥托内燃机具有体积小、转速快等特点，它的热效率达到 12％～14％，是一个空前的创举。在诞生后的 17 年中销售了 5 万台。奥托内燃机通常用汽油做燃料，也叫做汽油机，就是如今汽车上普遍使用的发动机的雏型。

从此以后，新的发明一直持续不断。1881 年，克拉克制造出一种两个汽缸的内燃机，这种内燃机是这样工作的：当一个汽缸处于回复阶段时，另一个汽缸爆燃做功，两个汽缸轮流工作。这与以前的单汽缸内燃机相比，不仅输出动力较为均匀，而且导致了多缸内燃机的相继出现，使内燃机的功率更加强大了，运转也更为平稳了。

1892 年，另一位德国工程师狄塞尔提出了在内燃机中使用压缩点火的专利。他希望通过提高压缩比来提高热效率。所谓压缩比，就是气体进入气缸后的最大体积跟被压缩后的最小体积的比值。用压缩气体产生的高温来点火，不但可以省去点火装置和汽化器，而且可以用比汽油更便宜的柴油做燃料。狄塞尔经过 5 年的实验探索，终于在 1897 年制成了第一台实用的压缩点火内燃机，即现在常说的柴油机。由于狄塞尔柴油机的压缩比较高，柴油机的结构必须造得更加结实才行，这就使它比汽油机笨重得多，所以，到 20世纪 20 年代研制成适用的燃油喷射系统后，它才开始被广泛地应用到各种动力机械上。

奥托型四冲程发动机

　　至此，往复活塞式内燃机的发明可以说算基本完成了。当然，在这个过程中，还有难以统计的无名英雄为此做出过许多贡献。在这个发明创造的坎坷征途上，科学家、发明家们就像跑接力赛一样，他们把科技的火炬，从一个人手里传到另一个人手里，从而攻克了一个又一个难关，人类的认识就是这样逐步发展并不断趋于完善的。

4. 汽车的诞生

　　奥托发明的内燃机还不能用于汽车，因此奥托不是内燃机汽车的发明人。最先向现代汽车迈进的是德国人达姆勒尔和本兹。1883 年，达姆勒尔制成了今天汽车发动机的原型——高压点火式汽油机。1885 年，他制成了单缸汽油机的摩托车，1886 年，他又制造了第一辆乘坐用的

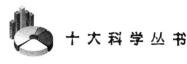

四轮汽车。

　　本兹先于达姆勒尔制成乘坐用汽车。1885 年，他制造成功可乘坐两个人的三轮汽车，因此他被誉为"汽车之父"。在前人的基础上，本兹的三轮车已经有了许多改进，不仅车轮装上橡胶轮胎，内燃机用线圈点火，而且还装有散热器，为了调解汽车拐弯时产生的轮速差，后轴上还装有差动齿轮。当然，本兹的这辆车也有许多缺点，如不能倒行，没有刹车装置，也没有传动轴（靠链条传动）。尽管如此，它毕竟是第一辆成功的内燃机汽车，现在它被收藏在德国慕尼黑科技博物馆中。

　　此后，本兹又造出了一种四轮汽油内燃机汽车，从此，汽车便迅速发展起来，不仅外形各式各样，而且动力形式也五花八门。1894 年，在巴黎举行了一次汽车竞赛大会，当时登记参赛的有 102 辆汽车，其中有烧油的，也有用煤气的；有内燃的，也有外燃的。别看种类繁多，当时汽车的最高时速也不过每小时走 20.5 千米，和今天骑自行车差不多。可是在那时，这已经是可观的速度了，不少人为之震惊。比赛的结果是，只有 9 辆车到达终点，其中有 7 辆是以蒸汽为动力的汽车。可见，

汽油发动机汽车上街

当时蒸汽汽车是占绝对优势的，但不久，内燃机汽车迅速发展，很快将它们淘汰。

在全世界众多的科学家、发明家的努力下，汽车工业得到了空前的发展。到 1900 年，全世界汽车就有 10000 辆了！特别是 1908 年美国福特汽车厂创制出 T 型汽车后，1913 年便出现了这种车的生产流水线，于是，汽车一辆接一辆地降临人间，这个厂每天可以生产 1000 辆，这使汽车价格下跌了近 50%，从此，汽车开始成为常见的交通工具。

在第一次世界大战中，汽车大批地投入战争，形成了有史以来第一次机械化战争。1918 年，法国军队的汽车代替了被炸毁的铁路，成功地运送了士兵和军需品，充分显示了汽车的优越性和重要性。现在，汽车运输已成为社会上一支不可忽视的力量。目前，世界上成熟的现代化运输手段有 5 种，即铁路、水路、航空、管道、公路运输。其中汽车在人类生活中占有非常重要的地位。

5. 繁花似锦

这些年来，不仅世界上汽车的数目日益增加，而且各国都在积极地研制新型汽车。这主要因为环境保护、节约能源等方面的需要。汽车的主要燃料的来源是石油，而地球上石油的储量是有限的，据估计，根据现在的开采能力，再有 30 多年，将采不到石油了。这样，对新型汽车的要求，不仅要有最佳的技术继承性，要有各种良好的性能，而且其能源的适应性要强，即要能应用现有的或新发现的多种能源；利用能源的效率要高；有利于环境保护，至少不严重地污染环境和破坏生态平衡等。因此，目前人们正在改进各种类型的汽油发动机和柴油发动机汽车。

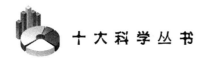

1980 年，一位 17 岁的德国青年设计制造了一辆节油汽车，创造了汽车节油史上的新纪录，即消耗汽油 1 千克，行驶 1028 千米，最大时速为 21 千米。西班牙有人试验成功一种太阳能汽车，美国等国家也正在研究以蓄电池为动力的汽车，美国通用汽车公司已经研制出一种汽车用氢—氧燃料电池，巴西制造出一种以酒精为燃料的汽车，并已投入使用。

此外，汽车的外形和结构也有许多发展，可以说，各式各样的汽车应有尽有。目前世界上最长的小轿车有 8 米多长，最长的公共汽车是法国人设计的一种三节绞接汽车，有 22.85 米，可载客 225 人。世界上最大的自卸汽车，车身宽度就有 7.8 米，约是一般载重汽车的 3 倍，它的总长约 20 米，高约 6.8 米，翻斗升时的高度为 17 米，载重量为 350吨，总重量为 610 吨，真是身大力不亏。可是，还有比它大的汽车，例如，法国为了运输变压器一类的庞然大物体，特别制造了一部装有 96对轮子的大型载重汽车。因为它太笨重了，所以时速最多才 5 千米。世界上最小的汽车，是法国生产的，它可乘坐两个人，时速 40 千米，它的特点是重量轻可折叠，只有 29 千克，折叠起来和旅行箱一样大小。

此外，还有一些更奇特的汽车，如双头汽车，它是用两辆汽车的前半部分焊接而成的，这样它有两部发动机，前后都有驾驶系统，所以进退自如，行驶起来完全方便。再如，水陆两用汽车、能飞行的汽车、有四条"腿"会"跳"的汽车、智能汽车，等等。

研究热工机械的工程师，梦寐以求把汽车内燃机的热利用率提高一些，只要提高 1%，就可以大大地降低汽车的油耗量。汽车发动机理论上的热效率可超过 60%，可目前也只有 25%～30%，所以其能量损失大得惊人。根据卡诺原理，热机工作温度越高，其热效率就越高，若把发动机工作温度由 900℃提高到 1370℃，则效率就可达 50% 以上，金属材料的耐热极限为 1000℃，而材料科学家们发现的陶瓷材料，却能承受 1500℃ 以上的高温。

这类陶瓷不是那种制造砂锅、茶杯之类家用器皿的普通陶瓷，而是一种被称为高技术的新品种陶瓷。如氧化锆陶瓷，它特别耐高温、耐腐蚀、耐磨损，用它制造的内燃机气缸，能使热能最大限度地转换成汽车获得的动力，而且它根本不需要像普通发动机那样，配置一套既笨重又耗费工料的气缸冷却系统，另外，由于气缸硬度大，几乎不易受磨损，并且也不受燃油分解形成的酸性气体腐蚀。因此这种内燃机使用寿命长，马力大，制造成本低。内燃机的应用发展从此又开辟了一个新的天地。

6. 凌云壮志

很早很早以前，人们就向往能够像鸟儿一样在一望无边的天空中飞翔，但在古代，这是不能实现的。只有今天，这个古老的幻想才能成为现实。有了内燃机，人们就可以很快地制造出汽车来。飞机和汽车不同，它的产生与发展不但要有内燃机，而且更要靠科学的帮助。

历史上曾经有许多关于飞行的卓越想象、设计和计算。15 世纪末期，意大利多才多艺的达·芬奇就设计过类似鸟类飞行的装置。因为当时没有结构强、重量轻和能量转化率高的飞行动力，模仿鸟类飞行迟迟没有实现。人类探索飞行道路的过程是曲折的，因为靠动力飞行有困难，首先靠气球实现了无动力飞机。

最先进行气球飞行的是法国的蒙高飞兄弟。1783 年 6 月，他们公开表演了气球飞行，并且很成功。他们的气球是一个十多米长的布气球，球里面填充的是燃烧稻草和羊毛所产生的烟及热气。据说，他们的这种气球升到近两千米的高空，10分钟后降落下来。3个月后，他们又

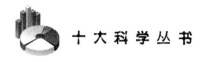

表演了一次载有生物的飞行，一个非常漂亮的用金色纸和布做成的气球，下面载了一只羊、一只鸡和一只鸭升到空中，最后安全"返航"。同年10月，法国历史学家罗赛亚乘气球升到26米高的高空，实现了世界第一次载人飞行。

人能乘气球飞上天空，这在当时是多少激动人心的事啊！于是，人们开始了对气球飞行的狂热追求。到18世纪末，气球飞行已经达数百次之多，并且，世界上第一次国际飞行，第一次运送航空邮件，第一次空中军事侦察，第一次利用飞行研究高空大气层，第一次飞行比赛等，都是用气球完成的。

当时，人们对气球飞行过分乐观，于是有些人想乘气球向更高的高空进军。可是，高空似乎并不欢迎这些陌生的游客。当他们乘坐气球上升到3千米时，严寒将他们的面孔冻得麻木发青，牙齿格格作响，耳朵也剧烈地疼痛起来；当升到6千米高空时，他们感到呼吸困难，嘴唇变成青紫色，眼球感到剧痛，甚至呕吐不止；到9千米时，他们的脸和手成了茄子一样的紫色，浑身无力，上气不接下气，甚至丧失意识，由于严重缺氧，有的人丧生。1875年的一次飞行中，气球上升到10千米的高空，三个人死亡了两个。

从此以后，人们更加渴望一种新的飞行器，人们能够自由地控制它的飞行速度和高度，就像汽车在公路上行驶一样。19世纪末，气球装上了内燃机，出现了由机器带动螺旋桨推动前进的"飞船"，早期的飞船都是软式的、靠气囊充气保持外形。第一艘硬式飞船是德国人1900年制成的，它长129米，直径11.6米，时速达32千米。现在还有使用飞船来运输的，这是因为，飞船具有省燃料、成本低、噪音小、平稳等优点。

飞机不是气球或气船改进的产物，飞机和飞鸟有更多的亲缘关系，人们对鸟类飞行进行了仔细的观察和研究，发现有些鸟在空中不用扇动翅膀就可以滑翔。于是，一些人开始试验像鸟那样滑翔飞行。从 1891 年到 1896 年间，德国的李内特共进行了 2000 多次飞行试验，取得了很有价值的资料。他的方法是用胳膊挂在机翼上，来控制飞行的平衡，靠转动身体和腿来控制飞行的方向。他从小山丘向下滑翔，是第一个在空中滑翔飞行的人。后来，由于失事他不幸摔死了。受他的献身精神的鼓舞，更多的人开始为实现人类飞行的理想而奋斗，美国的莱特兄弟就是其中杰出的两位。

7. 飞机之父——莱特兄弟

最早飞行成功的飞机，是 1903 年出现的，它是由美国的莱特兄弟俩（韦伯·莱特和奥佛·莱特）创造的。他俩被后人誉为"飞机之父"。

莱特兄弟既没有受过高等教育，也没有多少钱，他们是搞自行车制造和修理工作的。但他们对研制飞机却有着火一样的热情和百折不挠的毅力。他们为了阅读和学习德国的滑翔技术，还抽出时间攻克了德文，为了使他们的飞机有更好的性能，他们经常仰面朝天地躺在地上，一连几个小时地仔细观察老鹰的飞行，研究和思索它们是如何起飞，怎样升降，又是怎样盘旋的。他们还自己动手，制造工具和飞行器。

1900 年前后，他们先用大风筝进行空气动力学方面的试验，然后制造滑翔机并且进行飞行试验。他们的滑翔机比李内特的滑翔机大大前进了一步，不是靠人体来控制飞行，而是通过改变机翼的角度和面积来影响空气的阻力和升力，以此操纵飞机。他们的滑翔机解决了升降、平衡、转弯等问题。仅 1902 年，他们就试验了近千架滑翔机，获得了大量空气动力学方面的资料。

1902 年秋天，他们开始研制有动力的飞机。因为当时市场上还没

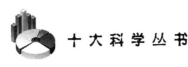

有符合要求的内燃机，他们的研制工作曾经暂时停顿，后来在一些机械制造者的帮助下，他们克服了各种困难，终于试制成功了符合飞机要求的 12 马力内燃机，内燃机通过链条带动螺旋桨。1903 年 12 月 17 日，世界上第一架飞机试飞成功。第一次飞行了 12 秒，高度 3 米，飞行了 37 米远。当天重复飞行四次，最后一次飞行 59 秒，200 米远。莱特兄弟终于把飞行幻想变成了现实。

莱特兄弟首次试飞

莱特兄弟飞行成功以后，他们初期的工作主要是改进飞机，进行表演，争取各方面的支持。1905 年，他们把改良的飞机送到美国联邦政府，但没有被接受，1908 年，莱特兄弟的飞机已经能够飞行两个多小时了。韦伯·莱特在巴黎等地的飞行表演，震惊了欧洲；奥佛·莱特在给军方表演后，受到陆军的重视，不久，莱特兄弟便制造出世界上第一架军用飞机。1909 年，第一次世界航空会议在欧洲召开，它标志着航空开始进入实际发展的阶段。

8. 各显种通

军事应用是航空发展的主要推动力。1911 年，美国空军已经有 750 架飞机。同年，墨西哥内战双方各雇佣一名美国飞行员和一架飞机，在空中互相用手枪进行射击，这是第一次空战。由于飞机在侦察、摄影、投弹、同地面无线电联络等方面显示了无比的优越性，在第一次世界大战初期，参战国的飞机总数不过 1500 架，到战争末期，已经达到 10000 架左右，美国在 1917 年参战以后，迅速动员所有的汽车厂制造飞机。

如果说飞机在第一次世界大战中是初露锋芒的话，那么在第二次世界大战中就大显神威了。第二次世界大战推动了改进飞机的性能和研制新型飞机的工作。二次大战以前的飞机，主要是用活塞式内燃机做动力的螺旋桨式飞机，这种飞机的速度一般都比声速低。1939 年，德国首先研制成喷气式飞机。喷气式飞机的出现，标志着飞机进入亚声速和超音速的高速飞行阶段。喷气式飞机以涡轮喷气式发动机取代了活塞式内燃机和螺旋桨。在这种新型发动机中，空气经过由涡轮带动的压气机压缩以后，在燃烧室里和油混合燃烧，产生高温气体经过涡轮从喷管喷出，飞机靠喷出气体的反作用力飞行。

1947 年，出现了生产钛的工厂，由于钛合金在高温下能保持良好的机械性能，因此人们开始采用钛合金来制造飞机，特别是超音速 3 倍以上的飞机，其总重量的 95％都是钛合金。目前全世界约有一半以上的钛，被用来制造飞机。

飞机发展到今天，其种类各式各样，无法一一列举，以下是几种有代表性的发明。飞得最高的是 1973 年苏联生产的"米格－25"型战斗

机，它曾达到 36000 多米的高空；飞得最快的是美国 1963 年制造的
"黑鸟"侦察机，它的最高时速达 3523 千米；世界上起飞总重量最大的
客机是美国的"波音 747"型飞机，它身长 70.51 米，高 19.33 米，宽
59.64 米，定员为 348～447 人；"C-130 大力士"运输机是世界上最大
的螺旋桨式运输机，它有一个约 1100 多立方米的货舱。

反之，世界上最小的飞机，有人说是澳大利亚的"蝗虫"型飞机，
它身长只有 5 米，机翼长不过 8 米，其实还有比它更小的，像"空中婴
儿"型飞机，它仅有 2.9 米长。1946 年至 1955 年间，出现了能实际使
用的直升飞机，最小的直升飞机只有 72.5 千克重，大约相当于一个成
年人的体重，它可以用 138 千米的时速飞行。

飞行发展到今天，其种类也不断增多。如美国又研制出用石墨制造
的最轻型飞机"卡迪拉克"号，它可以载 8 个人，时速 640 千米，重量
只有 1077 千克。美国还研制了一种代号为"平床"的新型飞机，它不
但可以载运旅客，还能运输货物集装箱。1980 年，美国发明了太阳能
飞机。最近，美国波斯特尔公司的工程师们又设计出一种"人马"飞
机，它非常轻巧，人不是坐在里面驾驶，而是"穿戴"上就能飞起来，
它的机翼全长 3.9 米，附在人的背上，飞机由两台 25 马力的涡轮增压
活塞式内燃机作为推进器。

总之，内燃机的发明使社会经济更加繁荣，生活水平获得提高，人
的交往频率加快，社会化程度越来越高，而且引发了一系列技术发明创
造。它在动力及交通运输方面所起到的作用是无法估量的，它充分展现
了人类的智慧和创造潜力。

三、电机

1840年，在德国的威丁堡，一位24岁的年轻人因帮助朋友与别人决斗被关进了监狱。对此，他却说道："禁锢是一件不舒服的事，但我可以自慰的是有许多空余时间来进行我的研究。"他托人购买了大量的试验用品和工具，在监牢里办了一间小试验室。为了筹集研究用的资金，他把原来在炮工学校里研究成功的金属镀金和镀银方法卖给一位宝石商人。这件事被国王知道了，他被勒令赶出监狱。能够出狱，对于一般人来说，当然是件好事，但对这位年轻人来讲，等于剥夺了已建立起来的工作条件，所以他非常难过，立即写了呈文，请求继续留在监狱里。但监狱方面认为：不愿出狱，就是拒绝国王的"恩典"，于是半夜就把他赶出了监狱。出狱后，这位青年开始发奋图强，走上了发明创造之路。他就是后来大名鼎鼎的发明家——西门子，他对电机的发明导致了人类技术和人类生活的一场巨大革命。

1. 谁能回答："电有什么用？"

电机是发电机和电动机的总称。它的发明要从人类认识电讲起，雷鸣电闪是人们常见的现象，为什么会有这种现象呢？长期以来一直是个

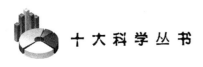

谜。从古代起，人类就对雷电有一种莫名其妙的敬畏，雷公电母的神话传说早就流传于我国了，古希腊神话中也有雷神。一听雷声隆隆，那时信奉神灵与宗教的人就宣称，那敢情是玉皇震怒，上帝生气了吧！

从实践中，人们很早就知道，琥珀经过毛皮摩擦后有吸引纸屑等轻微物体的能力。近代科学兴起以后，人们用极大的兴趣进行各种实验来研究有关电的现象。英国科学家吉尔伯特发现，玻璃、火漆、硫黄、宝石等经过摩擦也都可以带电。17 世纪时，有人设计制造了一个转动的硫黄球。经过摩擦能够带有比较多的电荷，这就是摩擦起电机。摩擦起电机所产生的电荷能不能储存起来呢？1745 年，荷兰莱顿大学教授马森布罗克在一个玻璃瓶里装上水，希望用来储存摩擦起电机所产生的电荷，实验获得了成功。后来，这种储存电荷的瓶子经过改进，内外贴上金属箔，称做莱顿瓶。

莱顿瓶放电产生的火花和声音跟雷电很相象，这两种电是不是一样的呢？当时很多人都非常关心这个问题。1752 年，法国一位科学家竖起一根 12 米高的铁杆，当闪电掠过杆顶时，杆下端就发生放电火花。俄国的里曼教授在闪电的时候安装铁杆被电当场击死，大自然向揭开它奥秘的人们索取了沉重的代价。1752 年 7 月的一天，美国发明家富兰克林冒着生命危险成功地做了一个震惊世界的天上取电的实验。

富兰克林扎成一个菱形的风筝，风筝的顶端安有一根尖尖的铁针，系风筝的绳子用的是麻绳，麻绳末端拴有一把铁钥匙，而靠近手的一小段是丝绳。富兰克林发现，当风筝与云中的电接触的时候，尖尖的铁针，把电吸了过来，风筝和麻绳带电了。顿时，麻绳四周松散的纤维一条条直立起来，用手指向它们靠近一下，它们还动一动呢！待雨点把风筝、麻绳湿透，导电性能良好以后，富兰克林有一种麻酥酥的感觉，那是电流通过铁钥匙传到了手上，他高兴地大叫："电，捕捉到了，天电捕捉到了！"他又把铁钥匙同蓄电用的莱顿瓶连起来，结果莱顿瓶蓄了大量的电。这一划时代的实验证明，天上的电与地上摩擦引起的电在性质上完全相同。这说明电是自然界一种固有的和有规律的现象。富兰克林这个实验一公布，就引起了世界科学界的极大关注。

在富兰克林研究雷电的时代，谁也说不上电将来会有什么用途。有一次，一位贵妇人问富兰克林："电有什么用？"对此，富兰克林只能机智地反问道："新生的婴儿有什么用？"确实如此，电在当时还处在婴儿阶段，不过它会成熟，会大有作为的。

在风筝取电实验的 39 年后，意大利解剖学家伽伐尼在解剖青蛙时，偶然发现，蛙腿在接触两种不同的金属时会猛烈抽动。对这种现象，他认为是青蛙体内的"生物电"在起作用。以前的电子学家只看到了静止的电荷，而伽伐尼第一次看到了流动着的电流。

意大利物理学家伏达在重复伽伐尼的实验时发现，只要有两种不同的金属相互接触，中间隔以湿的硬纸、皮革或其他海绵状的东西，不管有没有蛙腿，都有电流产生，从而否定了动物电的观念。他把许多铜片和锌片，夹以盐水浸湿的纸片叠组成电堆，这就是电池的前身。1800年，他又把锌片和铜片放在盐水或稀酸杯中，并将其串联起来组成伏达电池，指出这种电池"具有取之不尽用之不完的电"，这就是第一个人工电源。人们应感谢青蛙，它使伽伐尼发现了电流，又使伏达制造出电流，在电学博物馆中，也许有必要建立一个青蛙纪念碑。

2. 由电到磁

你可能从小就玩过磁铁吧？它可以很容易地吸起铁钉之类的金属品。人类对磁性的认识要比对电的认识早得多，我国古代战国时期就已出现用天然磁石制成的磁勺。到了宋代，就出现了用于航海的用人工磁化方法制成的指南针，指南针的发明表明我们的祖先已有了较为丰富的磁学知识。电现象发现后，人们开始思考它们的关系了。19世纪初，德国哲学家谢林认为，宇宙是有活力的而不是僵死的，电就是宇宙的活力，是宇宙的灵魂；电、磁、光、热是相互联系的。他宣扬宇宙有灵魂当然是错误的，但认为电、磁、光、热是相互联系的观点却给当时的科学家以重要启示。

谢林哲学的一位信徒，丹麦物理学家奥斯特从1809年开始研究电与磁的关系。1820年时，他在一次讲课的时候，偶然发现讲台上通电的导线可以引起旁边磁针的偏转。又经过多次反复的实验，奥斯特得出结论：导体中的电流会在导体周围产生一个环形磁场；改变电流方向或磁针在导线上下的位置，磁针会改变偏转方向。他把这一现象叫做"电流碰磁"。在奥斯特实验以前，人们虽然早已注意到电与磁的某些相似性，但并未认识到电与磁的相互转化，法国物理学家库仑甚至认为这种转化是不可能的。奥斯特的发现把电学与磁学结合在一起，从此，电磁学的研究在欧洲主要国家蓬勃开展起来。

英国著名科学家法拉弟敏锐地认识到奥斯特的发现的重要性。他对此评价道："它猛然打开了一个科学领域的大门，那里过去是一片漆黑，如今充满了光明。方向已经指明，目标是弄清楚电流与磁的相互关系……"

法拉弟出身于贫苦家庭，只上过两年小学，12岁就上街卖报，13岁到一个书商兼订书匠的家里当学徒。他的求知欲十分强烈，利用订书的空闲时间，如饥似渴、废寝忘食地阅读了许多有关自然科学方面的书籍。他在听过大化学家戴维的科学讲演之后，把整理好的讲演记录送给戴维，并且附信，表示自己愿意献身科学事业。作了"毛遂自荐"后，他如愿以偿，22岁时当上了戴维的实验助手。法拉弟勤奋好学，工作努力，很受戴维器重。他曾跟随戴维到欧洲大陆国家进行参观访问，大大扩大了眼界，所以有人说欧洲是法拉弟的大学。戴维虽然在科学上有许多了不起的贡献，但是他说，他对科学最大的贡献是发现了法拉弟。

在奥斯特发现电生磁以后，摆在前面的拦路大山是怎样用实验证实磁力对电有反作用。1821 年，法拉弟在笔记中写下了这样一个设想：用磁生电。他企图从静止的磁力对导线或线圈的作用中产生电流，但是各种努力都失败了。经过近 10 年的努力，到 1831 年，他终于发现，一个通电的线圈（原线圈）产生的磁线虽然不能在另一个线圈中引起电流，但是当通电线圈的电流刚接通或者中断的时候，另一个线圈（初线圈）中的电流计指针有微小偏转，即产生了电流。法拉弟心明眼亮，抓住这一发现反复做实验，最后证实，当磁作用发生变化时，另一个线圈中就有电流产生。

原线圈在电池接通或断开时只能在初线圈中产生瞬时电流，怎样得到持续电流呢？法拉弟又把磁铁棒在并接电流计的螺管线圈里迅速地插入插出，看到电流计不断偏转。接着，他又把一个铜盘放在 U 型磁铁中旋转，也发现电流计有持续电流通过，这就是最早的发电机模型。法拉弟这一发现劈开了探索电磁本质道路上的拦路大山，开通了在电磁之外大量产生电流的新道路。同时也揭示了用磁和机械运动转化为电的途径，为发电机的产生奠定了坚实的基础。

3. 新动力的诞生

法拉弟只是提出了发电机原理并研制成了模型，并没有完成制造出实用发电机的任务。1832 年，法国人皮克希用马蹄形永久磁铁线圈，制成了手摇磁石发电机，并设置了能把发出的交流电变为直接电的换电器。

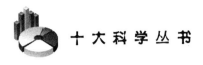

从 1840 年至 1865 年，已经有许多庞大笨重的永久磁铁发电机在运转，采用蒸汽机作原动机。由于发电机所采用的永久磁铁（即天然磁铁）磁场强度太弱，再加之高导磁率的矽钢片还没有发明出来，在结构上也存在不少问题，因此，不可能从根本上提高其输出功率。例如，一台输出功率几千瓦的发电机竟有两吨重。在 19 世纪前半叶，作为电能主要是使用各种化学电源（蓄电池等），但是这些电源造价昂贵，应用极不普遍。在 1850 年那时候，电能比蒸汽能贵 25 倍。直到 1866 年，德国工程师西门子发明了一种新式的发电机，这种发电机才真正能够提供强有力的电流。他本人则被后人称为"电机之父"。

西门子出生于一个农民家庭，靠耕田度日的父母要养活全家 13 口人，贫困的生活磨炼了西门子不畏艰险，勇于战胜困难的优秀品格。他一生的大大小小的发明创造有：金属电镀、锌板印刷术、自动断续指针电报机、棉花火药、海底电线、感应书写电报机、海底水雷、电炉炼钢等。1847 年，西门子和仪器制造家哈尔斯卡，借了 600 元钱，创办了西门子哈尔斯卡公司，这就是当今著名的西门子公司的前身。

西门子为了解决德国电镀工业对电力的大量需要，利用 10 余年时间，发明了用电磁铁代替永久磁铁的自激场式发电机，这种发电机发出的电可以作为它自身电磁铁的电源，所以叫自激磁场发电机。这种电机靠电磁铁中的剩磁激发，可以把机械能高效率地转化为强大的电流。继西门子之后，人们又做了一系列发明，19 世纪 70 年代时，直流发电技术达到了相当完善的地步，从此，电力才成为得以广泛应用的能源。

蒸汽力可以直接推动机械装置工作，由发电机发出的电力必须再经过由电能转为机械能的装置——电动机才能带动机器作功。电动机的英文是"Motor"，所以，我们常把它称做"马达"。法国物理学家安培发现，磁场对于有电流通过的导线要产生一定的作用力。在发电机研制成功以后，到 19 世纪 70 年代，一些科学家认识到，对于有电流通过的线

第一台自激式直流发电机

圈来说，磁场的作用力将会使线圈旋转，这就是电动机的原理。真正实用的电动机也是西门子发明的，西门子在1879年的柏林博览会上，演示了用直流电动机作动力的机车，并于同一年在柏林到利希腾德尔间建设了最早的电气铁路。19世纪80年代后，又有了交流电机和三相交流电机，从此，电力在人类生活中发挥出更大的作用。

4. 开辟"电信时代"

电信是指用电来传递信息。古代没有电信，人们为了把意向传达到远方去，只得采用一些很原始的办法。例如，古希腊人一次在名叫马拉松的地方同敌军作战取得了胜利。一位名叫斐迪辟的士兵，从马拉松不停顿地跑了几十千米到雅典传递消息，这是现代马拉松长跑的起源。随着生产的发展，贸易交往增加，金融情报需要迅速传递，长跑方式不能满足要求了。

此外，古代还有用烽火通信的方法。古希腊人把烽火和水漏组合起来，以传达文字。他们在信号转播站放置同样尺寸的水漏，在烽火升起的同时，拔开水漏的塞子，而在烽火再次升起时，塞回塞子，这样，接受方可以根据那时刻的水漏中的水位，判读事先约好的暗号。可是，这种方法实在太复杂太麻烦了，比如，要传达"逃走了 1000 个克特人"这一信息，就需要 173 个信号。而且这一方法只能用在烽火所能及的范围内，选定转播点之间的距离。信号经由多个转播站辗转传递，有时免不了会有差错，等到达目的地时，起站发出的信号也许已经完全走样了。

利用马车、火车、汽车等交通工具，完成远距离的通信也需要很长时间，人们渴望有简单和迅速地传递信息的办法。当电登上科学技术舞台时，立刻引起了人们的注意力，各种各样原始的电报相继出现。

在没有发明电池之前，英国就有人建议用 26 个球，当给不同的球充上静电的时候，就能吸引相当的英文字母纸片，希望用这种办法传递信息。电池发明以后，有人建议用电流变化来传递信号。奥斯特发现电流可以影响磁针偏转后，安培曾经建议用 26 根导线对应 26 个字母，磁针放在接收那头的字母旁边，希望利用电流引起磁针偏转来指示需要传递的字母。1825 年，发明了电磁铁，1831 年有人建议用电流引起电磁铁打铃的办法来传递信息。

实用电报机的发明人是美国画家莫尔斯。莫尔斯 41 岁那年去英国旅行，回国时，他在船上碰巧跟一位名叫杰克逊的科学家住在一起。有一天，杰克逊吃完饭后，拿出从法国带来的电磁铁，并且对安培的实验作了一番说明，莫尔斯尽管是位画家，但听得津津有味，对杰克逊提及的电报机觉得新鲜有趣，下船后，他下了决心，一定要研制出实用的电报机。

莫尔斯把自己的画室改为实验室，亲手制作线圈和电池，供电磁铁用的铁芯，则请铁匠将软铁棒打成马蹄状。但他几乎不具备科学方面的知识，只好向化学教授请教电池的制法，向著名物理学家亨利请教电磁学方面的知识。他的勤奋终于有了收获。1837 年，他发明了用他自己名字命名的电码编法。当他快 50 岁的时候，终于制成了实用的电报机。在国会提供资金的支持下，1844 年莫尔斯在华盛顿和巴尔的摩之间架设了第一条有线电报的线路。

电报的发明具有重要的社会意义和经济价值。它大大加速了人们之间的信息联系，使整个社会活动活跃起来，在当时条件下更有重要的商业和军事的用途。电报试验成功后，就不仅有了陆地电报的广泛应用，而且从 1852 年开始了连接英美的海底电缆架设工程。最早铺设的海底电缆在传递消息时信号畸变较严重，速度也很慢，采用强电压信号又造成了电缆绝缘层的破坏。在这种情况下，英国科学家汤姆生从理论上解决了电信号传输的问题，并采用了高灵敏度的电流计和改善绝缘条件的材料，使 1866 年铺设的第二条大西洋海底电缆取得成功，首次实现了人类跨洋通讯。由于这些贡献，汤姆生后来被封为开尔文男爵。

有线电报的出现，立刻成了科技界和工商界注视的焦点。在美国第一条电报线路建立以后只有一年，英国就成立了电报公司。亚历山大·贝尔、西门子、爱迪生等人对电报这个新鲜事物非常敏感，他们都和电报打过交道，然后又向电学应用的各个领域进军。能够利用电线传递字码，那么直接传送人的声音不就更好了吗？贝尔沿着这条思路发明了"顺风耳"——电话。

亚历山大·贝尔出生在英国一个声学世家，曾经当过聋哑学校的教师，由于职业上的原因，他研究过听和说的生理功能。贝尔移居美国以后，受聘为波士顿大学声音生理学教授。1873 年，他辞去了教授职务，开始专心研制电话。要研制成电话，先要把声音信号变成电信号，再将电信号变成声信号，怎样实现这个转换呢？在贝尔之前，已经有不少人在研究这个问题。1875 年，贝尔在波士顿电报装置旁边工作的时候，看到电报中应用了能够把电信号和机械运动相互转换的电磁铁，这使他受到启发。贝尔开始设计制造电磁式电话。他最初把音叉放在带铁芯的线圈前，音叉振动引起铁芯作相应运动，产生感生电流，电流信号再传到导线另一头作相反转换，变成声信号。随后，贝尔又把音叉改换成能够随着声音振动的金属片，把铁芯改为磁棒，经过反复实验，制成了实用的电话装置。

1876 年 7 月，为庆祝美国独立 100 周年举办的博览会在费城开幕。贝尔和他的助手华生带着他们的新发明来到费城。可悲的是那些观众竟把他们看作杂技演员。后来还是巴西皇帝彼得罗二世好奇地拿起了受话器，当听到电线传来的话音时，他惊呼道："我的上帝，它说话了！"皇帝的震惊引起了大家的注意，人们一个接一个地把耳朵贴到话筒上，他们清晰地听到了贝尔的话声。一位名叫伊泽的日本游客，竟对电话高声问："日本话也能传达吗？"当从电话中得到了肯定的答复后，他向两位发明者深深地鞠了一个躬。博览会后，贝尔又对电话进行了许多改进，1878 年，他又在波士顿和纽约之间进行了首次长途通话，并取得了成功。

有线电报和电话都离不开电线，能不能不要电线呢？赫芝发现了电磁波，提供了这种可能性。所谓电磁波是指电磁场的变化在空间传播时的一种波的形式。1894 年，只有 20 岁的意大利人马可尼从赫芝去世的讣告中了解到电磁波的性质，产生了利用电磁波进行无线电通信的想法。马可尼经过研究改进了旧式检波器，在发送电波信号和接收检测电波信号方法方面做了大量细致的工作。

1896 年，马可尼来到海上强国——英国，希望在船只和陆地之间的无线通讯实验方面获得支持。结果，许多有远见卓识的人都愿与他合作，无线电通信的范围很快从几百米增加到几十千米。马可尼开设了工厂，开始大量生产发射电磁波的感应线圈和接收用的金属屑检波器。英国、德国和意大利的海军以及许多商业航运公司开始采用无线电报来通讯。马可尼并不满足无线电报只能在短距离里使用，1901年，他又在英国建设了一个高高矗立的发射塔，向空中发射的电磁波在大西洋彼岸被收到了。马可尼推测空中有能够反射电磁波的电离层存在，后来的实验证实了他的推测。无线电报从此取代了有线电报。

电报和电话的发明在历史上具有划时代的意义，它们是自觉应用电学知识的产物。电报和电话开创了信息革命，人们可以在一刹那间知道几千千米外正在发生的事情。它的伟大意义可以和蒸汽机相比。蒸汽机利用自然力代替了人的体力，是扩展了人类肢体功能的一次革命；电话和电报是扩展人类感官功能的一次革命。

5. 为人间洒下光明

与电机发展同步的不仅有电信等"弱电"技术，而且还有电灯、电影机等"强电"技术。电力不但比蒸汽机更伟大，而且更神奇，它是现代"神灯"——电灯的光明之源。

1979年，美国举行了一次长达一年，花费几百万美元的纪念活动，来纪念爱迪生发明电灯一百周年。这充分反映了人们对爱迪生的怀念。爱迪生出身贫苦，12岁就成了铁路上的报童，15岁在火车站当电报员，16岁时发明了自动电报机，爱迪生中年的时候已经很富有了，1876年，他又投资两万美元建立起世界上第一个研究所。

1877年，爱迪生发明用碳粒构成的声电信号转换器。这种转换器用在贝尔电话的听筒和话筒里，大大推进了电话的改进和发展。这一年的秋天，他又发明了手摇留声机，他后来还发明了电影机等新事物，他一生的发明有专利可查的就有1000多件，因此他获得了"发明大王"的美名。

发明家与科学家相比有许多不同的特点，科学家的兴趣在于探索未知世界，他们以发现自然界的奥秘为乐事。很多科学家在研究某个问题的时候，说不清这项研究有什么实际意义。比如法拉弟发现了电磁的相互作用和转化，他并没有花很大气力去研制实用的发电机，而是去探索好像跟实际没有关系的电磁和引力的作用。发明家却有很大不同，他们的工作并不是为了探索未知来满足求知的欲望，他们以创造出能够更好地满足生产或者生活实际需要的东西为己任。爱迪生研制电灯的过程就充分体现了这一点。

爱迪生

电引起科学界注意以后，有许多人在探索用电照明的道路。1809年，英国的戴维发明了弧光灯，他发现两个炭棒之间大电流放电可以发出很亮的弧光，用这个原理制成的照明灯就是弧光灯。但这种灯使用范围很窄，只能用在海上照明的灯塔上。后来，人们开始转向对白炽电灯的研制。最早的白炽电灯是1820年法国人德·拉留制成的，发光的白热体用的是白金线。因为白金太贵，人们还是愿意用汽灯，白炽灯因不能和汽灯竞争而被淘汰。1878年时，已经有不少人在研制电灯方法上做了大量工作，灯泡抽真空的问题也基本得到解决。英国人斯万努力研究电灯已经30多年，他研制成用坚韧的碳丝做灯丝。当时爱迪生刚开始研制电灯，他试用了上千种灯丝材料，直到1879年在《科学的美国人》杂志上看到了斯万用碳丝做灯丝的报道，才重新研制碳丝灯泡，并很快取得了成功。

早期的
碳线灯泡

碳线纤维灯

碳线灯泡
的改良型

早期的
钨丝灯泡

为什么发明电灯的桂冠没有戴在斯万头上，却戴在爱迪生头上了呢？这主要是因为爱迪生更好地适应了技术研究的特点。技术研究常常需要有各方面特长的人共同协作，而且还要花费大量资金。斯万在研制电灯的几十年过程中，经常只有一个助手，爱迪生却有整个研究所做他的后盾。爱迪生为研制电灯花费了 40000 美元，大批购买各种实验材料，这是斯万望尘莫及的，爱迪生后来居上，很快超过了斯万，在1881 年巴黎博览会上获得荣誉奖，斯万只获得了比较低等的一级金质奖章。

技术研究不能一出成果就收兵，必须解决成果的应用和推广的各种实际问题。在这方面爱迪生是所有发明家的典范。为了使电灯能够实用，灯泡在电路上要并联而不能串联，这样才不会因为一个灯泡的关闭或损坏而影响整个线路。并联要求灯泡有高电阻，为此就必须要让灯丝的横截面积小，爱迪生研制出了灯丝极细的灯泡，并且大量生产。只有灯泡还不能解决公众的照明问题，爱迪生又努力研究发电和供电。1882年，爱迪生公司首先建成了电力站和电力网，使供电像供水一样。

当然，爱迪生也有失误，他的电力网输送的都是直流电，由于直流低压输电损失很大，输电范围也很有限，这就成了直流输电的致命弱点。由于爱迪生没受过正规学校教育，缺乏基本知识素养，数学又不在

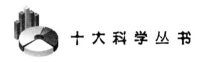

行，因为认识交流电的特性要求有较多的数学知识，所以他没有看到交流电技术的发展前景，因此抱着直流电不放，坚决反对交流输电技术，直到晚年，他在直流与交流电竞争之中彻底失败为止。

另外，技术研究成果一般以是否获得专利为标准，爱迪生对电灯的每一项改进都申请了专利，到1883年已经获得有关电灯的专利147项，可是斯万在制成第一个碳丝灯泡的32年以后，直到1880年才第一次申请灯泡专利。

6. 连锁反应

电机的发明，导致电力技术的普遍运用，出现了人类历史上第二次技术革命。如果说第一次技术革命完成时，出现了到处烟囱林立的工厂和星罗棋布的铁路的话，那么进入20世纪，则是到处林立的高压铁塔和星罗棋布如同蜘蛛网一般的电网。

高压交流输电方式确立后，各国争先修建电站，发电量的增加极为迅速。比如，美国电站的输出功率1889年仅为260千瓦，1939年达到29439千瓦，增加了200倍。电力供应迅速增加，使产业革命以来的工业化进入了更高的发展阶段，导致了技术上的连锁反应。

首先，它使传统技术得到改造而焕发了生机。在19世纪的蒸汽机时代，工厂的动力主要是蒸汽机，车间的所有设备都是用皮带传动的，对机械的控制和加工速度、精度都有很大的影响。电动机和机电控制装置的出现，促进了生产的初步自动化。电梯、电铲、电拖斗、电照明、电泵等一系列发明彻底改变了矿井面貌，电冶、电铸、电解的应用，为制备优质的金属、非金属材料创造了条件。电照明又使工厂、街道以至家庭都发生了很大变化。

其次，出现了一批新兴的技术。例如，电解、电镀、电热、电焊、电冶等技术的出现。同时，围绕电力技术的发展，又形成了一批新兴的工业部门，如锅炉、汽轮机、水轮机、变压器、电线电缆、电器、电测、绝缘材料等。

而且，由于电力拖动的发展，出现了新型的交通工具，城市中电车取代了马车，在20世纪上半叶成为市区的主要交通工具。城市的地铁在19世纪中叶即出现，但由于使用蒸汽机车做动力，黑烟滚滚，脏污不堪，电力机车出现后，地铁才成为一种清洁便利的城市交通工具。在建筑上，随着电力卷扬机和升降机、电梯的发明，以及钢筋混凝土结构方式的采用，在20世纪前后出现了许多高层建筑。1932年，美国建成的帝国大厦有102层，378米高，在很长时间内一直保持世界第一高楼的桂冠。

在强电技术发展的同时，弱电技术也随之而发展。电报、电话、无线电以及后来的电影、电视等，都极大地提高了信息传播的数量和速度，扩大了广播范围，促进了技术、经济及社会的繁荣。

电力是由一次能源转换的二次能源，由于任何能源都可以转化为电能，因此电力技术的出现，为人类广泛、合理地利用各种能源开辟了道路，今天，尽管有了原子能，但也要将它转化为电能，才能为人所使用。从能源动力革命的角度看，它是蒸汽动力革命的继续，是能源动力革命的更高阶段。

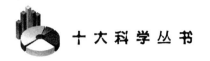

四、电子管

你从小就听大人们讲过爱迪生的故事吧！发明家爱迪生为了研制白炽灯，呕心沥血，含辛茹苦，前后经历了13年。为了寻找到合适的灯丝材料，他前前后后试验了1600多种矿物和金属，近6000种植物纤维，经历了成百上千次试验失败的考验，最后终于找到了理想的碳丝。电流通过灯泡中的碳丝，发出了耀眼的光芒。为了防止灯丝在空气中燃烧，爱迪生把灯泡抽成了真空。电灯的问世使人类第一次征服了黑夜。不过，当时世界上谁也没有想到，灯泡身上还孕育着一件更加激动人心的发明创造——电子管。这项发明对人类的贡献决不次于电灯本身。

1. 最大的贡献与最大的失误

爱迪生发明电灯后，他没有被灯泡的光明所陶醉，依然孜孜不倦地思考着如何改进这位"光明的使者"，让它的寿命更长，亮度更高。有一天，他在门罗实验室进行了一番试验，他把一个和电路中阳极相联的铜片封在电灯泡里，在灯丝和铜片之间联上一个电流计，然后接通电源。当与阴极相联的灯丝通电发热、发亮的时候，爱迪生意外地发现，电流表上的指针偏转了，这就是说，电路上流动着电流。

爱迪生发现电路上产生电流

这是个奇怪的现象，爱迪生无法加以说明。灯丝与铜片并不联在一起，其间是一段电流无法逾越的真空，按理说，电路上是不会产生电流的。那么，电流从何而来？又是怎么飞渡真空的呢？爱迪生感到奇怪，但是他没有深究，只是把这一现象作为一种效应记录了下来，并申请了专利，这个效应就是有名的"爱迪生效应"。

真理已经来到了爱迪生的实验室门口，爱迪生只要再前进一步，从这个效应深入追踪下去，就有可能发现电子。因为所谓爱迪生效应，就是灯丝在发射电子，正是电子受热飞逸才产生了电流；从这个效应出发，爱迪生也可能发明电子管。事实上，显示爱迪生效应的那只灯泡就是世界上第一只电子管。它使电流向一个方向流动，产生了整流作用。

但可惜的是，爱迪生长于发明创造，往往对事物的机理并不深究。他制作的经验丰富，而理论功底不足，这使他面对着飞速产生的电流，却没有能发现电子；面对着自己制造的电子管，却不知道自己发明的真正价值。他只想到这个效应可以用来制造测定电流、电压的仪器，没有

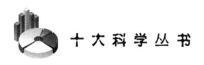

想到这个效应将会开创电子时代。爱迪生效应是他一生在科学上的最大贡献，而这个最大贡献也是他一生中的最大失误。

2. 电子时代的奏鸣曲

爱迪生效应是由于灯丝被电流加热才发射电子，这叫做热电子发射。与之类似又不同的是，1879 年，英国科学家克鲁克斯研制了一种高真空放电管（克鲁克斯管）。克鲁克斯管是在阳极和阴极之间的高压作用下，管里残存的气体发生电离，在阳离子撞击下，阴极发射电子，这叫做二次发射，发出的射线被称为阴极射线。

阴极射线被发现以后，有人认为它是一种类似光的波，后来人们发现阴极射线在磁场中能够偏转，就推测它是一种带电粒子流。1892 年，赫芝发现阴极射线能够穿透薄金属片，这说明它不可能是带电的分子流或者原子流。阴极射线到底是什么呢？这条神秘的"射线"吸引了当时最优秀科学家们的注意。

1891 年，斯通尼创立了"电子"一词，表示基本电荷。当时电子的意义只是表示电荷的单位，虽然没有确立它是不是具有真实质量的粒子，但已经表明电不是一个连续的物理量。那么，电子所表示的基本电荷和阴极射线又有什么关系呢？英国物理学家汤姆生研究了这个问题，并且找到了答案。他证实了阴极射线确实是具有质量的带电粒子束，并测出了阴极射线粒子的质量和电量的比值，这种粒子束中粒子的电荷等于基本电荷，这种粒子就是电子。电子的发现不仅在科学上有重要认识价值，而且在技术上，离电子管的发明不远了。

3. 二极电子管的诞生

发现爱迪生效应的消息远渡重洋，传到了大洋彼岸的英国。英国工程师弗莱明对这个效应深感兴趣。他预料到这一效应还有更大的价值。电磁学大师麦克斯韦的这位得意门生继承了老师的治学传统，有着很高的理论修养，他曾提出过导体在磁场中运动时导体中感生电流方向的右手法则。他也当过爱迪生公司和马可尼公司的技术顾问，有很强的技术开发能力，他深知人们在无线电研究中所遇到的困难。

19世纪末期，电波和电离层被发现以后，除了发明无线电报，人们还希望能够利用电波来传递声音，这就需要把声音信号转变成能够在空间传播的电波信号。20世纪初，美国物理学家费森登设想，将要发射的电波变成有很高频率的交变（正负方向交替变换）电信号，然后让声音信号产生的低频率电信号控制高频电波的振幅，使高频信号携带声音信号，这种电波叫做调幅波。调幅波可以在接收机中转变成声音信号，从调幅波中取出所携带声音信号的过程叫做检流。1906年，人们利用调幅波第一次在空中传播了声音。

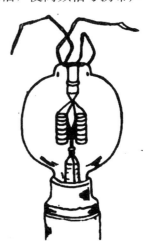

要想充分发挥电波传递声音的优越性，就必须在发射和接收的时候把电波信号放大，保证远方能够清晰地听到。弗莱明认识到，检波管的改进是无线电技术面临的一个突破口，而爱迪生效应可以用来提高检波的效率。于是，他开始研制新型的检波器。

1904年，弗莱明制造了一个与众不同的灯

弗莱明的二极管

泡。他在真空的灯泡里用圆桶形的金属片把灯丝包围起来，组成一个板极。在板极和灯丝之间加上一个交变电压，同时使灯丝通电加热。他发现，板极上带正电的时候，灯丝和板极之间有电流通过；当板极带负电的时候，就没有电流通过。这是一种新型的电器元件，它只让电流向一个方向流动，可以将交流电信号变成直流电信号（这一过程叫做整流）。

这种元件就是二极电子管，也叫二极管，用来检波和整流。二极管发明以后，它很快被应用到无线电技术上，用它来检波，仪器的灵敏度大大提高了。然而，弗莱明还是没有实现爱迪生效应的最大价值，他把这一发明创造机会又留给了其他人，有幸成为这一历史英雄的发明家是谁呢？

4. 被告竟是发明家

弗莱明发明二极管的时候，远在美国的德福雷斯特也正在研究改进检波器。德福雷斯特从小就喜欢机械，大学学的也是机械工程。但是，当他偶然与无线电发明家马可尼萍水相逢后，他却对无线电产生了浓厚的兴趣，从而开始了一个无线电发明家的艰难生涯。

1899年深秋，国际快艇比赛在美国举行，马可尼接受邀请来到美国，用他的无线电装置报道比赛情况。在此之前，马可尼已经顺利地把无线电信号从英国传到欧洲大陆，电波跨越了英吉利海峡。这一次马可尼的无线电又大显神通，及时报道了赛场的消息，他的发明使崇尚科学的美国人民惊叹不止。

为了宣传无线电，马可尼为美国人民进行了无线电通讯表演。表演这一天，德福雷斯特天没亮就赶来了，他要亲眼看一看电波是怎样传送的。表演结束后，他还恋恋不舍。他从人群中挤到发报机前面，惊奇地看着这架神奇的机器，他的目光停留在一个装着银灰色粉末的小玻璃管上。他问马可尼的助手，这大概就是金属屑检波器吧！助手点了点头。

德福雷斯特的问话被马可尼听见了，于是，他走上前向马可尼自我介绍说，自己是个业余无线电爱好者。马可尼幽默地说，他也是一个业余无线电爱好者。无线电使两位青年成了知己。马可尼告诉他，自己正在设法提高接收机的灵敏度，看来关键是检波器。马可尼的话给德福雷斯特留下了深刻的印象，他决心从事检波器的研究。一位哲学家说过："人生的路很长，但关键的路只有几步。"马克尼的一番话使德福雷斯特的一生发生了重大转折。两个月后，他辞去了芝加哥西方电器公司研究所的工作，在纽约泰晤士街租了一间小屋，没日没夜地研究起新检波器来了。

两年过去了，新检波器还毫无行踪。但是，他在试验中却萌发了一个极有价值的设想：用改装的灯泡来检测信号。他不知道爱迪生效应，没有能站在前人的肩膀上，而是重复了别人已经作出的发现，推迟了发明的步伐。正当他沿着这个思路从事高真空管检波器的研究时，一个消息传来：英国的弗莱明已经捷足先登，抢先一步发明了二极管。德福雷斯特听到后，又高兴又沮丧，高兴的是自己的思路竟与大名鼎鼎的弗莱明不谋而合，两年的研究总算走上了正路；沮丧的是，科学发明犹如百米赛跑，人们只能青睐第一个到达终点的人，而自己功亏一篑，落后了一步。

路，似乎已经走到了尽头，如果丧失信心，两年的努力就尽付东流。但德福雷斯特却把挫折当做新的起点，他没有灰心丧气，而是开始向新的目标进军。他想，弗莱明的发明只是一种出色的整流器和检波器，而自己却要发明一种信号放大器。他要在弗莱明发明的基础上更上一层楼。

德福雷斯特制造了几只真空管，外表上与二极管几乎一模一样，不

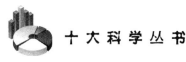

同的是，他在灯丝和板极之间封了一小块锡箔，形成第三极。他发现，在第三极上加一个不大的信号，就可以改变板极电流的大小，第三极微小的变化就能使板极电流发生较大的变化，两者的变化非常合拍。他意识到，信号被放大了，自己已制成了第一只信号放大器。

德福雷斯特知道这个发明的价值，无线电的面貌将会从此改观。他没有立即宣布自己的发明，而是对此又作了一些改进，例如用金属网代替锡箔。但是，进一步的研究需要钱，而他已经衣衫褴褛，身无分文。为了电子管未来的命运，这位狼狈不堪的博士只得到几家大公司去游说，向人们宣传这种小小灯泡的神奇作用，以求得资助。可谁知事与愿违，根本没有人相信这个衣着破烂的青年会作出什么发明，也没有人相信这个小灯泡会有什么大的用途。几家公司把他赶了出来，一家公司把他扭送到警察局。1906年春天，纽约地方法院以诈骗罪进行了公开审判，发明家一时成了"诈骗犯"。

开庭的那一天，法庭上挤满了看热闹的人群。许多记者也赶来采访新闻。法官问德福雷斯特，为什么要用这种小灯泡进行欺骗，德福雷斯特回答说，他根本没有欺骗，这确实不是一只平常的灯泡，而是具有放大功能的新发明。"凭着这种发明，可以接收到大西洋彼岸传来的微弱信号。"他在法庭上宣称，"历史必将证明，我发明了空中帝国的王冠。"他从无线电说到检波器，从二极管说到三极管，把威严的法庭变成了宣传科学的课堂。法庭上鸦雀无声，法官们也开始理解了他的发明，听众们也为他的精神所感动，大家这才知道，被告原来竟是位发明家。

审判结果，德福雷斯特被宣布无罪释放。世界上的事总是物极必反，暗极则光。法庭辩论使他成了全

德福雷斯特
的三极管

城闻名的人，这为三极管的出世铺平了道路。1906 年 6 月 26 日，三极管获得了发明专利。

电子管诞生不久，很快被用于接收器、无线电及收音机上。1921年，世界上第一个广播电台在美国的匹兹堡诞生，收音机开始普及，电子管生产迅速发展。20 世纪 40 年代，人们又把它应用到计算机上，制成了第一台电子计算机。随着电子管品种、质量和性能的改进，不但无线电话、电报、广播得到迅速发展，而且无线电导航、测距、定位技术也发展起来。人们后来又发明了能够把物体形象转变成电信号的摄像管，研制成功了能够把电信号显示成图像的多种阴极射线管、示波器等，在这个基础上，雷达和电视也研制成功了。

5. 一场新的电子革命

1948 年 7 月 1 日，美国的《纽约时报》用 8 个句子发表了一条短讯，首次公开报道了晶体管诞生的消息。实际上，这项发明早在半年前就完成了。

人们对半导体的研究很早就开始了。1878 年，有人发现方铅矿晶体能够单向导电，但是限于当时的科学水平和技术条件，没有找到它的实用价值。1895 年，意大利科学家马可尼在研究无线电检波器时想利用这种晶体。到 1906 年，简单的矿石检波器制成，这就是现代半导体二极管的原型，它曾风行一时，广泛应用于检波。

但是，由于这种晶体二极管工作不稳定，还不如当时的真空二极管有效，矿石晶体渐渐被人遗忘。后来，由于真空二极管无法用于高频检波。人们又重新想起那被遗忘的矿石晶体。不过，人们后来采用的是经过提炼和加工的锗、硅半导体晶体，用这种材料制成的检波器，结构非

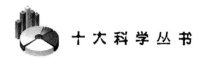

常简单，检波效率也很高。

1928年，有人提议用半导体材料制作和电子管功能相当的晶体管，但由于当时还缺少研究半导体电子特性的固体物理学知识，而且按温度、压力、化学组成等宏观概念产生的半导体材料，在微观结构上是混乱的，没有规律，其电子特性有很大的偶然性，加之当时电子管正方兴未艾，社会还没有取代它的迫切需要，所以晶体管暂未问世。

1945年初夏，美国著名的贝尔实验室的负责人、电子管专家凯利，正同固体物理学专家肖克莱讨论如何克服电子管的缺陷。肖克莱不愧是一位有眼光的科学家，他认为，在电子管上做些改良，虽然也会取得一些进步，但不能克服它本身的局限。电子管已完成了它伟大的历史使命，人们应该另辟蹊径，把探索的目光投向刚刚露出一线光明的半导体物理学领域。

肖克莱的建议得到了凯利的重视。不久，贝尔实验室成立了以肖克莱、巴丁和布拉坦为核心的固体物理学研究小组，由肖克莱担任组长。他们三人密切合作，首先开展了对半导体导电机制的研究，力图通过扎实而广泛的基础研究，找到一种能控制半导体中电子流动的方法，以仿效电子管，造出一种新的半导体放大器。

半导体是界于导体和绝缘体之间性质的物体，它具有又导电又不导电的有趣特性。制作半导体的材料是锗和硅，在含有99.999999999％，有11个9的几乎纯硅或纯锗中，掺入某种杂质，它就可变成能流动电子的N型半导体，掺入另一种杂质，可变成有电子空穴的P型半导体。由于电子带负电，所以，电子逸出的空穴就带正电，将N型与P型半导体复合，就构成在一定方向可通过电流，其反方向不通过电流的半导体。

1947年，肖克莱的研究小组终于成功地研制出世界上第一只晶体三极管。它是用半导体锗作原料制成的，表面层有两根极细的金属针，一根是固定针，另一根是探针，探针上加有负电压。当探针同固定针逐渐靠近，距离小到百分之五毫米以内时，流过探针的微小电流的变化，就能控制固定针的电流变化，达到电流放大的目的。这种半导体放大器件，就称做点接触型晶体管。

晶体管发明之后，他们并未立即公布，他们要先把原理搞清楚，而且还要重复实验，使它有更高的可靠性，然后再公开秘密。在此期间，他们的确也曾担惊受怕，生怕别人也发明了而且率先公布。这种担心是有道理的，因为搞这方面研究的并非独此一家。

1948年初，即在贝尔实验室发明晶体管之后的几个星期，在美国物理学会的一次会议上，柏林大学的布雷和本泽做了一个报告，阐述了他们对锗的点接触方面进行的实验发现。当时布拉坦也坐在听众席上，知道他们的实验离发明晶体管的距离非常接近。会后，当布拉坦与布雷交谈时，布拉坦非常紧张，很怕泄密给对方。当布雷说："你知道在锗表面另放一个接触点，再测量电势差，我们将发现什么现象吗？"布拉坦更是捏了一把冷汗，只好含糊其辞地回答："对，布雷，我想那将是一个很好的实验！"讲完之后，布拉坦再也不敢与布雷多谈，便急急忙忙地走开了。

布雷在后来知道了贝尔实验室的秘密后，有点惋惜地说："如果把我的电极靠近本泽的电极，我们就会得到晶体管的作用，这是十分明白的！"的确如此，但贝尔实验室毕竟险胜了。1948年，他们向全世界宣布了这一发明，一场新的电子革命从此拉开序幕。肖克莱、巴丁和布拉坦因发明晶体管的卓越贡献，共同分享了1956年的诺贝尔物理学奖。

晶体管和电子管的功能相同，但原理和材料有很大的不同。晶体管具有小型、重量轻、性能可靠、省电等优点，电子管的寿命只有几千到几万小时，而晶体管的寿命要比电子管高几百倍到几千倍。所以，在20世纪50年代末60年代初，晶体管逐渐取代了电子管。晶体管的

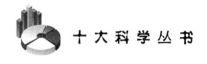

发明，在整个电子学的发展史上具有划时代的意义，它使电子技术开始了一个新的里程。

6. 迈向更高峰

晶体管的出现，为日益复杂的电子设备带来了福音。晶体管使电子设备体积缩小，耗电减少，可靠性提高。由于晶体管形成大规模工业化生产，其售价便宜，使电子设备成本也大幅度降低。然而，电子元器件的这些变革，仍然满足不了电子工业迅速发展的需要。例如，飞机、导弹和卫星中的复杂电子设备需要几十万、几百万，甚至更多的晶体管和电阻、电容等电子元件，这就要求电路进一步向微型化发展。历史又戏剧性地重演，当年晶体管与电子管的激烈较量中，电子管的体积、重量、可靠性和成本等缺点，又重新出现在晶体管面前，而且再一次上升为电子技术发展中亟待解决的首要问题。

为了克服晶体管的这些弱点，科学家想尽办法使它的体积变小，与之配套的电阻、电容、线圈、继电器、开关等元件，也沿着小型化的道路被压缩成微型电子元器件。晶体管一次又一次地缩小，最小的已达到只有小米粒一样。然而，晶体管本身的小型化不是无限的，它达到一定程度后就很难再缩小了。

于是，人们又着手做改革装配技术的尝试。专家们将小型晶体管和其余小型电子元件紧密地排在一起，装配在薄薄的带有槽孔的绝缘基板上，用超声波或电子束焊好，再把这安装好的基板一块块地重叠起来，构成一个高度密集的立方体，形成高密度装配的"微模组件"。采用这种方法，最高可以把200多万个元件封装到1立方米的体积中。这几乎达到了封装密度的极限，再想增加已经无望了。

事实表明，电子设备中焊接点越多，出故障的可能性就越大。微模组件虽然缩小了元件所占的空间，但并没有减少各元件之间的焊接点数目，因此，微模组件也就没能提高电子设备的可靠性。同时，由于元件过分密集，装配很不方便，劳动强度增加了，结果电子设备的成本又增高了。因此，要想继续改进电子设备，必须另辟蹊径，探索小型化的新道路。

首先是在晶体管身上打主意，人们发现晶体管内部结构上蕴藏着小型化的巨大潜力。实际上，晶体管中真正起作用的部分只是芯片，按照理论计算，一个小功率晶体管芯片面积只要数十微米的地盘就足够了。但是，由于操作人员不能在更小的尺寸范围内精确处理，芯片往往只占 0.5 平方毫米大小，也就是说，晶片面积的 99％没用上而白白浪费了。

当时对这个问题，人们头脑中受传统的电路观念束缚较深，都只是在维护分立状态、单独元件的基础上去缩小尺寸，思想观念的束缚自然就束缚了手脚。后来，人们在线路构成过程中得到启发，一个电路的组成，无非是把整体材料分割开发，做成各种不同的独立元件，分担单独的功能，然后把这些分立的元件彼此焊接、组装到一起，成为一个完整的线路，完成整体综合功能。这是从整体到分立再到整体的过程。难道这个分而合的过程是必经之途、必由之路吗？为什么不可以将各分立元件直接集合在整体材料上呢？也就是说，按电子设备功能要求，在整体材料中把各功能的元件集成为一个系统电路。

1952 年，美国雷达研究所的科学家达默，首先提出了这个闪光的技术思想。在一次电子元件会议上，达默提出："随着晶体管的发明和半导体研究的进展，目前看来，可以期待将电子设备制作在一个没有引线的固体半导体板块中。这种固体板块由若干个绝缘的、导电的、整流的以及放大的材料层构成，各层彼此分割的区域直接相连，可以实现某种功能。"这就免除了整体材料的分割独立和独立元件的相互焊接过程，

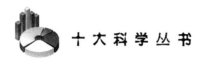

既可缩小体积，又可减少焊接点数，提高可靠性。

把电子线路所需要的整流、放大、绝缘、导电等功能元件，统统制做到一块半导体晶片上，晶体就得到了充分利用，一小块晶片就变成了一个完整电路，组成电路的各种元件——晶体管、电阻、电容，以及引线便集合成一个不可分割的密集整体，从外观上已不能分辨哪个是晶体管，哪个是电容器，哪个是电阻了，传统电路中功能各异的分立元件界限消除了。这样一来，电子线路的体积就大大缩小，可靠性明显提高。

达默提出的半导体集成电路的光辉思想，是电子学观念的一次重大革命，它给电子学发展带来一次巨大的飞跃，从此，微电子学迅速发展起来。20 世纪 60 年代中期，人们发展了离子注入技术，可以将需要的杂质原子注入到冷晶格里具有几何精确度的位置上。这样，在一个不超过小片手指甲大小的单晶硅片上，经过真空扩散镀膜、光蚀刻、离子注入、表面氧化等过程，就可以制成集成大量元件的集成电路。

自集成电路问世以来，电子学掀起了风驰电掣般的"集成化"运动，微电子技术也迅速地向前发展着。20 世纪 60 年代初期，由于集成电路制作的工艺还不十分成熟，单块集成电路所包含的元件数目只有200～300 个，即一件集成电路具有 200～300 个单独分立元件组装到一起的总体功能。随着集成电路工艺技术的进步和成品率的提高，人们进一步设想在单块集成电路中包含尽可能多的晶体管和其他功能的电子元件，以提高集成电路的集成度。甚至希望将一个线路系统或一台电子设备所包含的所有晶体管和其他电子元件统统制备在一块晶片上，这样，一块集成电路就是一个复杂的电子线路系统或一台电子设备，从而大大缩小设备体积、减轻重量、降低成本、免除焊接、提高可靠性，这就是大规模集成电路的设想。1969 年，制成的 D‐200 机载计算机，其中央处理机仅仅由 24 块大规模集成电路组成，功率只有　　瓦。

一般将一块晶片上包含超过 1000 个晶体管集成的电路叫大规模集成

电路。但从本质上讲，制造大规模集成电路的成本、过程、工艺技术的复杂过程，与小规模集成电路基本相同。从理论上看，还可以进一步集成，制出集成度更高的，在一个晶片上包含 10 万以上电子元件的超大规模集成电路。1978 年，世界上第一块超大规模集成电路研制成功。1985年初，在一块几毫米见方的硅片上，已经集成 200 万个电子元件了。

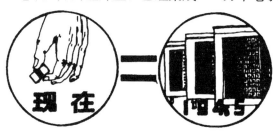

现在一块硅片的功能相当于当年的埃尼阿克

　　1969 年，美国英特尔公司的年轻物理学博士霍夫，正在平面工艺发明者诺伊斯指导下从事工作。当时，日本比西康电子计算机公司向英特尔公司订购小型化集成电路块，为了满足日本公司的要求，诺伊斯把这个任务交给了 31 岁的霍夫博士，霍夫为此冥思苦想了很长时间。在霍夫的办公室里，挂着一条幅，上面是大发明家贝尔的一句名言："有时需要离开常走的大路，潜入森林，你就肯定会发现前所未有的东西。"一天晚上，霍夫正对着贝尔的名言陷入沉思时，忽然闪出一个念头：为什么不把计算机的逻辑电路设计在一块半导体硅晶片上，而将输入、输出及存贮器电路放在另一块半导体硅晶片上呢？

　　于是，霍夫的思路豁然开朗，他随即把自己的想法写在纸上：把为日本设计的台式计算机的逻辑电路压缩成 3 片，即中央处理机、存贮器和只读存贮器，只读存贮器提供驱动中央处理机工作的程序。正是由于霍夫的大胆设想，勇敢创新，1971 年，世界上第一个集成电路微处理器诞生了。

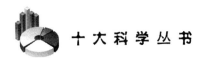

7. 永无止境的探索

电子元件的发展是永无止境的，未来的计算机革命很可能结束硅器件时代，而代之以新的元件。从半导体到集成电路再到大规模集成电路，从原料看，都是半导体硅做材料，从原理看，也都是半导体做开关元件。那么，未来的电脑器件是什么呢？

专家们认为，将来取代半导体元件的很可能是约瑟夫逊器件。1908年，科学家在氦液化时发现了导体的电阻突然消失的现象，这种现象叫做超导效应。1962年，英国科学家约瑟夫逊发现，薄绝缘层隔开的两块超导体，其间不出现电压也可通过一定数值的直流隧道电流，这种现象称为约瑟夫逊隧道效应。根据这个效应，科学家们制成了约瑟夫逊器件，这种器件的两片超导电薄膜之间夹着极薄的绝缘层，它可以当做开关使用，具有速度快、功耗低、灵敏度高的特点。它的工作速度可达一兆分之一秒，对于现在要花一年半载才能计算完毕的问题，约瑟夫逊器件计算机只要一两天就能轻而易举地加以解决。

目前，美国和日本都把研制约瑟夫逊器件作为计算机硬件研究的重点课题，并且已经研制成功了超导开关和超导存贮器。美国的 IBM 公司已经成功地制造了由约瑟夫逊器件组成的逻辑电路。由于约瑟夫逊器件与一般的半导体器件、集成电路器件不同，它不能在常温下工作，只能在超低温下工作，因此，研制这类计算机的困难不仅在于新器件的逻辑结构，而且在于要解决一系列新的技术问题，例如，超低温技术、加工技术、密封技术等。

现在，电子计算机似乎已到了小型化的极限，因为现在的高度集成度已达到技术上所容许实现的极限，而且密集的电路超过一定的限度，散热就成了问题。上百万个电路一齐发热，温度升高，集成电路的性能势必受到影响。此外，电路集成度太高，相互之间会产生感生和干扰。

为了使电脑更小型化，科学家们开始把目光从无机硅转向了有机物。如果你解剖一架复杂的电子计算机，你就能发现，电脑的最基本元件只是一只只开关。千百万只开关组成的电路，就会出现奇妙的功能。电子计算机的语言似乎千变万化，但归根结底只有"0"和"1"两种，这正好与电路的开与关相对应。因此，如果一种有机物分子具有两种状态，它就可以产生"开"和"关"两种效应，就可以充当电脑的元件。

这并不是异想天开。1974年，美国科学家阿维拉姆和西登发现某些有机化合物对交流电有整流作用。这些化合物分子中的半基团的氢键有键合或离解两种状态。键合时，分子就带正电；离解时，就带负电。它与普通的电子元件一样，能储存、输出"0"和"1"这样的二进制信息。之后不久，美国的麦卡里尔博士也取得了更加令人振奋的发现：血红蛋白分子也能起到开关的作用。当改变它所携带的电荷时，血红蛋白将从一种形态变成另一种形态。若把一种形态代表"开"，另一种形态代表"关"，它可能构成逻辑电路。

那么，怎样制造这种元件呢？它太微小、太精密了，一个血红蛋白分子的直径只有头发丝的五千分之一，所以无法靠手工操作，也无法用电子束、X射线束进行细微加工。科学家们认为，也许可以用遗传工程来生产，基因是生物合成蛋白质的蓝图，只要设计出适当的基因蓝图，生物就会按照基因的指令，源源不断地生产出有机超微电脑来。目前，科学家们在实验室已经制成了第一个生物芯片。

总之，随着社会实践的深入、科学技术的不断探索，人们会对电子计算机及其他电子仪器提出越来越高的要求，必然会导致构成它们的基本单元——电子器件的更多的创造与发明，电子器件的未来发展是无止境的。

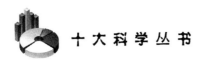
五、激光器

在我国南方某城市，曾发生过一起这样的盗窃案：一位老教授家收藏的稀世珍品瞬间被洗劫一空。发事当夜，教授及其儿子、儿媳和已成年的孙女、孙子全在家，左邻右舍也都有人在，可是谁都没听到防盗铁门、铁窗被锯的声响。盗贼用的是什么工具呢？它使公安侦破人员困惑了好一阵子。最后才终于发现，盗贼是从国外来的，他使用的作案"工具"原来是一种高能光束。

在美国西部某军事基地，研究人员只轻轻按一下电钮，百米外正在飞行的大靶就被一道光一劈为二，这一切只在不到 5 秒钟内完成。在我国武汉，一束光发出去，顷刻间就把几十米外的一块灰砖化作一股青烟，不留痕迹，无声无息。

这是一种什么光？为何有这么大的威力？它就是现代科技的结晶——激光。

1. 特殊的光源

提起激光，许多人会联想到科学幻想小说中描写的"死光"武器，所以对它总有一种神秘的感觉。其实，激光并不神秘，它与普通光，如太阳光、灯光一样，也是一种电磁波，只是它的发光机理很特殊。要了解激光器的发明，必须先从原子结构说起。

20世纪初，科学家们发现，构成物质的原子并不是最小的，它是由原子核和它周围的一群电子组成的，这些电子各按一定的轨道不停地绕核运动。其中彼此挨得很近的一些轨道电子，形成一个电子层。这样，在原子核周围就往往有好几个电子层，而且，层与层之间没有可以让电子停留的轨道，这就像楼房的两层之间不可以住人一样。在没有外来因素刺激的情况下，各层之间的电子"相安无事"处于常态，也称基态或稳态。可一旦有了外界作用，例如光的照射、电的激发或其他粒子的撞击，"平静"的原子系统便立刻沸腾起来，把内层电子抛到外层电子轨道上去，原子处于这种状态时，称为激发态。

激发态的原子很不稳定，被抛到外层轨道的电子只允许停留 10^{-7} ~ 10^{-8} 秒的时间，然后又自动回到原来的轨道，维持原来的平衡状态。电子回到原来的轨道后，原子就恢复到基态，而把原来外界交给它的能量以光或热的形式释放出来。这些光或热，是物质自发发射出来的，所以叫自发辐射。例如，电灯、日光灯、闪光灯等人造光源发出的光，以及太阳光、闪光、炉火光等自然光，都属于自发辐射。所有这些光都有些共同之处，比如，有各种各样的颜色、发射方向是四面八方的，发光的时间参差不齐，步调各不相同。

那么，怎样才能产生激光呢？早在1917年，著名物理学家爱因斯坦就从理论上阐明了产生激光的可能性，并提出了激光的科学原理。他指出，处在高能级的原子，其电子除了能够产生自发辐射，还可以在其他光子的"刺激"或"感应"下跃迁到低能级，同时发射出一个同样的光子。由于这一过程是在外来光子的刺激下产生的，所以叫做受激辐射。

有趣的是，新产生的光子与外来光子具有完全相同的状态，即频率

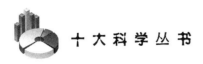

一样，波长一样，方向一样。这样就彼此加强，它意味着通过一次受激辐射，一个光子变成了两个光子。倘若这一过程重复产生，这就说明光被放大了。只要辅之以必要的设备，就可以形成具有完全相同的频率、相同的方向的光子流。这就是激光。

尽管人们早已知道这个原理，但这毕竟只是一种科学认识，要让其转化为现实技术，还要有技术原理的提出，以及技术设备的提供等许多事情要做。

2. 激光器的诞生

激光器就是能产生激光的仪器。上面已提到，在激光原理提出的几十年里，普通光源依然是自发辐射占主导地位，在相当长时间内，人们还不能控制电子的微观运动过程，因而未能找到在技术上实现激光占主导地位的途径。例如，在实际使用的激光器中，其光源并不是激光，即受激辐射过程的原始光信号并不是来源于外界，而是来源于激光器内的自发辐射。自发辐射的光在发射方向上是完全无规则的，如同普通光源发出的光一样。怎样使它成一个方向呢？显然这是技术上的问题而非科学所能解决的。

20世纪50年代，汤斯、巴索夫和普罗霍罗夫发明了微波激射器，这种激射器中分子的振荡能获得厘米波，此外，人们对电子共振振荡研究发现，它可以产生电波。

1940年前后，有人在气体放电实验研究中观察到粒子数反转现象。本来，按照当时的实验技术基础，已有条件建立某些类型的激光器。但是，当时没有人想到把受激辐射、粒子数反转、谐振腔几个环节联系起来考虑，因此，激光器的概念被搁置了20年，直到第二次世界大战以后才提出来。

"二战"后，人们在使用电子管的微波振荡时，发现微波的波长愈短，振荡就愈困难。但有意思的是，解决这个难题的不是电子，而是利用原子或分子微波产生振荡。1954年，美国人汤斯、高尔登和柴格尔在高真空中吹出氨分子从而产生能量很高的分子，成功地发明了波长为1.25厘米的分子振荡器，它的材料可以是气体，也可以是固体。1958年，汤斯和肖洛共同提出了激光器的技术原理。

这一原理指出，激光器应由工作物质、激励源及谐振腔三个基本部分组成。

工作物质实际上就是放大介质，对它的要求是：这种物质中的原子从激发态恢复成基态的过程中，要有一个中间状态存在，原子在中间状态停留的时间比在激发态停留的时间要长得多。由于有这一状态（亚稳态）存在，在外界的不断刺激下，就可以使处于这一状态的原子在数量上比处于基态的原子要多。

技术人员根据这一要求开始寻找工作物质，结果发现，在自然界中的许多物质，甚至几乎在所有的物质形式中（原子气体、分子气体、有机染料、固体中的晶体、玻璃及半导体等），都找到了能提供激光工作状态的物质。从氟、氯、溴、碘到钠、钾、铯、铷，从氢、氧、氮、水到金、银、铜、铁，从红墨水、蓝墨水到红宝石、蓝宝石都可以做放大介质。这些物质都有绝妙的本领，能使某个特定频率的光得到放大。但为了研制性能更加优越的激光器，对放大介质也必须进行选择。正因为如此，才有今天的气体激光器（氦氖激光器、氮气激光器、二氧化碳激光器）、液体激光器（染料激光器）、固体激光器（红宝石激光器、钇铝石榴石激光器）和半导体激光器（砷化镓激光器）。而每一种激光器又因为它们的波长和工作方式不同，因而用途也就不尽相同。

激励源是不断地给产生受激辐射的原子或分子以激发能量的装置。

激励源的激发方法有许多种，可以是光激发、电激发和化学反应激发等。世界第一台激光器就是以红宝石作工作介质，以闪光灯作激励源的。

谐振腔是由若干镜片组成的腔体，保证受激辐射的光能在腔内往返多次，不断放大，形成持续的振荡放大输出。通常采用两块尺寸比波长大得多的平面反射镜或球面反射镜，垂直于工作物质的对称轴线相向放置。激光器的放大介质被安置在一个规则的谐振腔内。激励源发出的光子总有一些会沿着谐振腔内的轴线方向运动，并垂直于谐振腔两端的反射镜，该方向的光子"刺激"或"感应"其处在高能级的原子，使之产生受激辐射，放出同样方向的光子，并在腔内不断增加，最终形成越来越强的光柱。当它达到一定阈值时，便从反射镜一端透射出去，形成激光。

世界上第一台激光器是 1960 年出现的，它的发明人是美国加州休斯飞机公司的一位年轻工程师，他叫梅曼。梅曼是一位以实际制作见长的科学家和工程师，在他之前，激光的科学原理，及激光器的技术原理均已被提出，剩下需要做的是用实际行动来实现这些原理。1958 年，由于微波技术的发展，人们已完成了微波波段的激光器（微波量子放大器）的技术发明，梅曼只是用技术手段将微波波段的激光器推广到光波波段，制成了第一台红宝石激光器。

从爱因斯坦提出受激辐射的概念到制成激光器，整整走过了 40 年。前期，人们由于受到某些思想的束缚，使激光技术的发展延误了几十年，而后期的技术突破只用了两年时间。由此可见，一项技术的产生要受到科学思想、社会条件、相关技术等许多因素的影响和制约。

继梅曼之后，贾旺用氦和氖的混合气体放电，成功地制成氦氖气体激光器，其波长为 1.15 微米。1962 年，半导体激光器研制成功。半导体激光器不但体积小，效率也高，特别是作为激光通讯的光源就更好。

此后，波长为 0.8 毫米或 1.3 毫米的半导体激光器的研究受到人们的注意。

激光器是 20 世纪 60 年代的发明，尽管它在 70 年代仍处于研究阶段，但已显示出巨大的生命力，它被称为是"60 年代的半导体技术"，即激光器的作用与当年半导体技术问世具有同等重要的意义。

现在，人们研制的激光器各种各样，大的有足球场那么大，小的比针头还要小。发射的颜色，从紫外线、红外线到可见光中彩虹般的五颜六色。一些激光器以脉冲方式发射，持续时间短到 10^{-5} 秒，而另一些激光器则可稳定连续工作几个月。有的输出功率可以模拟核爆炸，而另一些激光器发射出来的能量却不能煮熟一个鸡蛋。

3. 神奇的功能

1960 年，世界上第一台激光器诞生以前，有很多人对激光原理能否实现表示极大怀疑。直到人们利用这个原理制成各种激光器并经过实践检验以后，人们的怀疑才消失。

事实证明，激光器是 20 世纪最重大的科技成果之一，它的诞生使古老的、传统的光学面貌为之一新，标志着人类对产生光的机理又有了新的突破，使人们可以控制物质内部某些微观运动，从而获得普通光源无法比拟的新奇光源。它和原子能、半导体及电子计算机一起，被誉为当代科技的四大发明。

激光器之所以对现代科技与社会产生重大影响，其中一个原因是它有一些神奇的功能。概括起来有以下四点。

第一，方向性强。在舞台上，人们常用强烈的聚光灯，把人物形象清楚地显现在观众面前；在手电筒的小灯泡前面加一个反射镜，缩小光源光束的发散角，从而提高光源的方向性。这种缩小光的发射角，使光在某一方向上集中起来的做法，叫做使光"准直"。

聚光灯也好，手电筒也好，探照灯也好，它们的准直性都无法跟激光的准直性相比。激光是一束笔直射出的发散角极小的"平行光"。例如，地球和月亮之间的距离为 38 万千米，假设把方向性最好的探照灯光束射到月球上，它扩散的光斑直径将达到几千千米以上，而如果把激光束射到月球上，它散开的光斑直径不超过 3 千米。

利用激光这一特点，人们制成了激光测距机和激光雷达，测量目标的距离、方位和速度，比普通微波雷达要精确得多。如用激光来测量地球到月亮的距离，误差不超过 1.5 米。此外，利用激光进行地面通讯，保密性特别强，用激光的高方向性制成的激光制导武器，命中率可达 100%。

第二，颜色纯。我们日常所见到的各种光，即使是认为很纯的光，也是由多种颜色组合而成的。例如，我们见到的太阳光是白色的，可它却是由红、橙、黄、绿、青、蓝、紫等各种颜色光组合而成的复合光。

一种光所包含的波长范围越小，它的颜色就越纯，看起来就越鲜。波长范围只有几个埃（一埃等于一亿分之一厘米）的光，我们称之为单色光，以往最好的单色光源是氪灯，此外，霓虹灯、水银灯、纳光灯也是单色光源。氪灯在低温下发出的光，波长范围只有千分之五埃左右，而单色性较好的氦氖激光器，它的波长范围比千分之一埃还小，最小的已经达到一千亿分之几埃。

利用激光的这种高单色性，人们制成各种测量仪器，来测量距离、细丝直径等。此外，人们还利用红、绿、蓝三种激光作为基色来合成各种鲜艳、逼真的色彩，应用于彩电技术中，制成了激光大屏幕投影电视机。

第三，能量集中，亮度极高。若问世界上最亮的东西是什么？你一定会认为是太阳，其实不对，高压脉冲氙灯比太阳亮 10 倍。但它们的亮度也算不了什么，一支功率仅为 1 毫瓦的氦氖激光器所发出的激光的亮度，比太阳亮约 100 倍；一台功率较大的红宝石巨脉冲激光器所发出的激光，其亮度比太阳要亮 100 多亿倍！迄今为止，唯有氢弹爆炸的瞬间闪光才可与之相比拟。

激光具有亮度极高、能量集中的特点，对人类的意义实在重大。例如，只要我们能聚中等亮度的激光束，就可在焦点附近产生几千到几万度的高温，使一些难熔的金属和非金属材料，如钢材、陶瓷、宝石等，迅速熔化以至汽化。目前工业上已成功地利用激光进行精密打孔、焊接和切割，它能在钟表零件上打出头发丝那么细的小孔，一叠上百件衣服的布料，用功率为 100 瓦的二氧化碳激光器，就可以把衣服一次裁好。

第四，相干性强。什么是相干性呢？观察水面上激起的两组水波，在水波重叠的区域可以发现，有些地方波峰加波峰或波谷加波谷，波浪起伏加剧了；有些地方一组水波的波峰和一组水波的波谷相遇，波动抵消，起伏减弱了。这就是水波的干涉。能产生干涉的波叫做相干波，否则就叫非相干波。光也是一种波，与水波有相似的一面。

普通光源，无论是天然的还是人造的，由于它们都是自发辐射，发出的光波在频率、相位和传播方向上是很不相同的，所以是非相干光。而激光则不同，由于它是受激辐射，发出的光的频率是单一的，相位是一致的，方向是相同的，所以是相干光。相干光叠加在一起时，其幅度是稳定的，并在时间和空间上都有一定的周期。

实验证明，激光器射出的光，通过两条平行狭缝时，就能在缝后面的壁上产生一系列明暗相间的干涉条纹，这表明激光是相干的。利用激光相干性好的特点，人们开展了激光通讯、全息照相以及研制最先进的光学计算机等科研活动。

正因为激光是目前世界上亮度最高、颜色最纯、射程最远、会聚得最小、光束最准直、相干性最好的光源，所以，它就像一支穿着颜色一致的军服，迈着整齐一致的步伐，坚决勇敢地朝着一个方向前进的、训练有素的部队那样，具有极强的战斗力。在它所能到达和开辟的领域，要文则文，要武则武，几乎是无往而不胜。以下就是它的一些"特异本领"和辉煌战绩。

4. 星球大战的武器

激光器发明之后，用光作为武器已不再是科学幻想。激光应用于军事上可以作为战略武器（用于反洲际导弹和人造卫星）和战术武器（用于防空、反战术导弹等）。它们都是利用激光辐射能量摧毁对方目标或使其丧失战斗力的。由于激光束射向目标的速度极大，常常会使其攻击目标来不及躲避；同时，激光束的光束惯性小，射击反冲不大，可迅速改变射击方向，不致影响命中率。

在侦察技术方面，人们已利用激光进行窃听、报警，红外照相与红外雷达监视。例如在卫星上装置一种激光照相机，它能在36000千米的高空用强光束把地面上的目标照得很亮，并迅速拍摄出十分清晰的照片来。

激光还用于对指纹、伪造文件、显微情报和犯罪证据等进行准确而快速的识别和鉴定。以检测指纹为例，人的皮肤表面分布着许多汗腺，当手指按触物体表面时，从汗腺中分泌出来的汗液就附着在物体表面，形成了潜在的指纹。在通常情况下，指纹沉积物大约只有十分之一毫克，是很少很少的。而其中百分之九十九是水分，很快就蒸发掉了，留下的无机物和有机物大约各占一半。无机物大多是盐，有机物则是氨基酸、类脂化合物等。由于潜在指纹残留物太少，用常规方法检查很难发现，而采用氩离子激光器照射可疑处，指纹中的有机物分子便吸收光能，发射出与照射光颜色不同的光束。侦破人员用滤光器取得最佳的反差效果，并利用光谱技术在激光照射下确定用肉眼难以看到的潜在指纹位置，这样就可以拍摄指纹了。

鉴于激光武器所潜在的巨大威力，目前各国，特别是一些发达国家正投入大量人力、物力和财力，开展对激光武器的研究。

1985 年，美国政府投资上万亿美元，开始实施"星球大战"计划（该计划由于种种原因 20 世纪 90 年代已放弃执行）。该计划包括监测系统和拦截系统两部分，在每一个系统中，激光技术都占有突出地位。在监测系统中，需要研制红外探测器、可见光探测器（激光雷达）来发现、跟踪和判别目标；在拦截系统中，需要研制红外化学激光器、准分子激光器、自由电子激光器、X 射线激光器等激光武器来摧毁和破坏目标。激光武器在未来的战略防御和战略进攻中已成为判别胜负的关键。

在战争中的激光武器

20世纪90年代，海湾战争发生后不久，以美国为首的多国部队向伊拉克境内发动了空前的袭击。伊拉克境内的许多重要军事目标被击中。这场战争，以伊拉克的惨败而告结束。这场战争与激光武器有很大的关系。

美国的飞机上安装有钇铝石激光器，它能发射波长为1.06微米的红外光。当飞机在上空盘旋时，用激光器发射的红外光瞄准目标，并且始终对准它。另一架飞机的任务是捕捉目标反射回来的激光束，而且牢牢地盯住它，并扔下激光制导导弹。同时开启上面的自动跟踪系统，使导弹处于被引导状态，导弹就像长了眼睛似的，沿着从目标上反射的激光制导方向，迅速扑向目标，将目标彻底摧毁。90年代，美国已具备了地对空、地对地、空对空激光导弹的生产能力。在海湾战争中，美国使用"爱国者"号空对空激光导弹截击伊拉克发射的"飞毛腿"导弹，就是典型的例子。

不过，激光导弹并非天下最好最神秘的武器，它也有自身的弱点。如果战争期间遇到多雾天气，其命中率就会大大降低，而且随着射程增加，它的能量损耗也很大，同时还会受到大气中微粒吸收或散射的影响。

5. 神奇的通讯工具

1880年，著名的电话发明家贝尔发明了一种利用日光光波作为载波的光电话。由于没有理想的光源和传输介质，光电话的传输距离只有213米，因此不能满足实际需要。然而他在评价自己的贡献时，依然认为，在他的发明中，光电话是最伟大的发明。

1960年，第一台激光器问世后，人们就被它的优异特性吸引住了，认为这是一种光通信的理想光源。它的频率比微波频率要高出万倍以上，频带也很宽，若将其频带全部利用起来，携带的信息量是十分惊人的。例如，一根普通的电话线只能通过 3 路电话，一条微波电路也只能通过 10 万路电话，而一束小小的激光却能同时通过 100 亿路电话，或传输近千万套电视节目。由 20 根光纤组成的光缆只有铅笔芯那样粗细，每天可以通电话 76200 人次，而由 1800 根铜线组成的电缆，直径有7.62 厘米，每天只能通电话 900 人次。尤其令人感兴趣的是，光纤通信特别适合于电视、图像和数字的传送。据报道，一对光纤可在一分钟内传输全套大英百科全书的信息。

遗憾的是，激光的这种内在潜力最初一段时间一直未能很好地发挥出来，这是由于大气介质的吸收、散射所带来的信号衰减、失真的影响，特别是雨雾等气候因素的限制。1970 年，这是激光通信史上值得纪念的一年，人们终于找到了激光传输的介质——光导纤维。它的传输损耗极小，可以与同轴电缆相媲美。这一突破，引起了人们的极大关注和兴趣，促使人们进一步努力，遂以每 2～3 年下降一个数量级的速度不断下降传输损耗，因而在短短十几年中，已经使光纤通信进入了实用化阶段。

光纤传输系统的主要部分是光纤和光器件，光器件主要是激光二极管和用于光检测的光电二极管。光纤是指石英玻璃纤维，其直径通常不到 100 微米，只比头发丝稍粗些。目前，国内外所实施的大规模光纤通信系统已有数百个。日本和美国是光纤通信发展最迅速的国家，他们已将光通信用于长距离通信干线及海底电缆通信，城市间通信，与有线、无线通信网联用，装置间通信、电力输送的通信及计算机网内通信，等等，并进一步发展到家庭电话、数据处理等业务中去。

20 世纪 90 年代初，在日本大阪附近奈良县的一个小镇上，已经用光缆把 300 户居民和商店、医院、电视中心联接了起来，构成了一个光

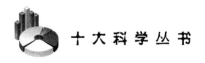

纤化城市的雏形。在那里，买东西可以足不出户，通过电视看样挑选；生了病并不一定需要上医院，体温、脉搏和血压可以遥传到医院大夫那儿，请他们在荧光屏前会诊；教学过程也充分利用了先进的视听设备，学生不但可以在屏幕上看到老师和听到他的声音，同学之间也能够"面面"相对地进行讨论和交谈。

从信息的存贮上看，过去的磁带、唱片、录像磁带以及磁盘等不仅丰富了人们的精神生活，而且也给人们的工作带来了妙不可言的方便。于是，人们对这样的机电录像、电唱系统提出了更高要求：寿命更长些，存贮密度更高些，录放更灵活些等。而这些要求正是它目前存在的弱点，因为唱头和磁头必须与旋转着的带面、盘面保持机械接触，总是有磨损问题。要是有非接触式的录像、声唱系统该多好！

1972 年，欧美两家大公司首先发表了激光式电视唱片（又称光盘）方面的论文，几年后，国际市场上展出了第一台具有随录随放功能的光盘存贮系统的样机。1982 年，小型数字式激光声唱片进入市场。目前，光盘已广泛进入了家庭。

后来又有两位中国人——留美的台湾科学家发明了世界上速度最快的激光器。这两位中国人都在美国取得了博士学位，他俩经过艰苦努力，通力合作发明的这种激光器，与过去已知的激光器大不一样，其速度比光纤通信系统所使用的镭射还要快 100 倍以上。他们应用集成光学等技术，把两米见方的庞大光学仪器浓缩在两厘米见方的磷化铟晶体里，每秒钟可以送出高达 3500 亿的光脉冲，每个脉冲仅有 1.6 兆分之 1 秒时间，其速度相当于每分钟可以传送 120 万本如同百科全书般的文字信息。这实在是一项了不起的发明。由于这项发明，使得光纤通信系统产生了划时代的变革。

用更快的速度传递更多的信息，一直是通信研究专家的奋斗目标，过去从未有大的突破。现在被两位中国年轻的科学家攻克了。这项发明

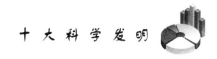

被命名为互撞式相位锁定镭射技术，不但打破了所有镭射的速度纪录，而且也创下世界上体积最小的互撞式相位锁定镭射纪录。这套新镭射已应用在电话传播的光纤通信上，还可以直接用来传递电视节目。

6. 工农业生产显神通

激光技术现在已经广泛应用于工农业生产中。激光的亮度极高，因而与物质相互作用时表现出极强的热效应。利用这一点，经过对激光束的聚焦控制，可以进行打孔、切割、焊接加工等工业应用。

例如，在一个直径10厘米的喷头上钻1万个孔，如果用人工完成，需5个人干一个星期，而用激光器只需要2个小时。1961年，人们首次将红宝石激光射在碳板上将碳汽化，留下凹陷；不久，又实现了激光在钢板上打出小孔。1964年激光焊接开始实用。1972年以后，激光可以用于深透焊大型部件，并可以方便地进行不同金属之间以及非金属之间的焊接，包括对微电子器件引出线的焊接等。20世纪70年代后期，激光表面热处理走向实用，它速度快、硬度均匀，硬化深度可精确控制，因而比高温炉、感应加热和化学处理都更为优越。

更有趣的是，激光还能透过真空容器的玻璃壁，进行隔离焊接。它还能激光上釉，给金属产品穿上一件防腐防锈的外衣。此外，它还能熔炼、烘干、划线、蚀刻等。如果把它和光电控制技术相结合，还能制成各种专门的激光自动控制和自动测量装置。

在农业方面，以一定波长、一定剂量的激光，按一定方式照射农作物种子或生物体，可以产生某些特异的遗传性变，从而有可能培养出新的优良品种。例如，用激光处理过的水稻、小麦和玉米等农作物的种子，其生长期可缩短7～14天，而且还增强了对病虫害的抵抗能力；用

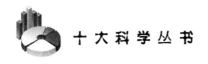

激光处理蚕卵可提高孵化率，使蚕体增大和产丝量增加。此外，利用激光还可以研究农作物生长规律、找出病虫害的防治方法，以及农产品的保存和大面积的估产等。

7. 新一代印刷术的诞生

活字印刷术是由我国古代发明家毕升发明的，这在世界上早已公认。毕升的发明在人类文化传播上起了巨大推动作用。很多世纪以来，我们就是这样先制好一个一个汉字，然后再一个一个排好来进行印刷。一本百万字的著作，就得在排字车间由排字工人拣出百万字排成版，然后再进行印刷。所以出一本书往往需要几个月甚至几年。这对排字工人来说，是相当艰苦的。他们必须在铅字架上来回寻找自己需要的字，年纪大了，眼神不好，就会大大影响排字速度。显然传统的印刷术应是革新的时候了。

激光照相排版技术的发明，正好实现了印刷术的这一重大革新。激光照相排版首先将文字通过计算机分散为点阵，然后控制激光在感光底片上扫描，用曝光点的点阵组成文字和图像。具体原理是：激光束首先通过前方的声光偏转器，而储存了文字的计算机也将信息通过超声波驱动器直接输给声光偏转器，这时声光偏转器介质便受到超声波信号的作用，使得射入的激光束发生偏转。偏转的激光束经过扩束器，将光束扩宽并改善了光束的发散角。接着，光束射向多面体反射镜，反射后的光束由透镜聚焦在感光底片上，曝出一个个亮点，点的直径约为 0.035 毫米。编辑排版时，每当一个信息输入到超声波驱动器，便会产生出一个超声波信号去控制声光偏转器，从而使激光束发生偏转，并在感光底片上产生一个曝光点。

如果没有计算机的文字点阵信号输入，激光束就不会发生偏转，感光底片也就不曝光，继续向前移。每当多面体反射镜转过一面，感光底片上便让激光扫描曝光出一阵点阵。随着感光底片上的连续不断地移动，上面就通过曝光点组成了一行行文字符号。这就好比电视机屏幕上的图像是由显像管内的电子束在荧光屏上一行行扫描的亮点所组成的那样。由点阵组成的文字符号和图形，经过显影定影就成了照相排版的底片，就可以将底片制版印刷了。激光照相排版不愧为新一代印刷术这一称号。

除上述外，激光在医疗、建筑、存贮信息、全息照相等多种领域得到了应用，其应用范围之广无法一一列举。

我国的激光技术几十多年来发展也极为迅速，不仅形成了激光工业，而且在许多应用领域同样取得了令人惊喜的成果，有的成果在国际上还处于领先地位。1960 年 7 月，世界上第一台红宝石激光器诞生。1961 年 9 月，我国第一台红宝石激光器也随后在长春问世，1963 年我国又研制成功氦氖激光器，接着又陆续研制成功了精密激光微调机、砷化镓激光器、输出功率为万亿瓦的激光装置、激光刻绘机、大气能见度激光仪、激光大气污染监测雷达、激光手术刀、激光眼科治疗机、计算机——激光汉字编辑排版系统等。1987 年 9 月，我国首家激光医院在上海开业；激光视听产品也已投入生产，三张唱片大小的激光唱盘就能存贮浩繁的《四库全书》，检索一条资料只需几秒钟。这标志着我国的激光技术已经迈上了一个新的台阶。

激光器的发明，对人类生活的各方面都产生了巨大的影响，它的应用也导致了许多传统技术的巨大变化，使人充分认识到新技术的重大作用和无限的应用潜力。可以预期，未来科学家还会发现激光更多的奇异特性，找出更多的应用途径。

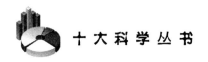

六、电脑

你见过人与机器下棋吗？这种机器真是神通广大，它能够自我改善、自我适应和不断积累经验，在有 10～20 个小时的下棋"经验"以后，机器"棋手"就能像一个优秀人类棋手一样，懂得走一步看几步。1959 年，这种下棋机器被制造出来后，就战胜了自己的设计者，1962 年，它又击败了美国一个州的跳棋冠军，成为轰动一时的新闻。你可能会不解地问：下棋得需要用脑子思考，机器又没脑子，怎么思考呢？的确，机器没有人一样的大脑，但聪明的人类却给它装了一个类似人一样的机器脑，这就是人们常说的电脑。

1. 人类工具的进化

电脑是人们对智能机器的一种称呼。"电脑"这个词汇是很晚才出现的，因为最早出现的智能机器只是代替人来从事复杂的数学计算，所以，最初人们称它为计算机。今天，由于计算机的功能不断增加，人们便不加区分地使用着电脑和电子计算机这两个词汇，两者的涵义基本相同。

电脑的发展要从人类对工具的使用和认识开始。人类诞生以来，出现过成千上万种工具。古代人发明过各种各样的石器、陶器、铁器，以及多种形式的弓箭、鱼钩等工具；近代人又发明过蒸汽机、纺纱机、织布机，还发明了汽车、飞机、无线电、电视等用具。如果把人类历史上发明的种种工具办成一个博物馆，恐怕今天世界上最宏大的摩天大楼也难以容纳。

从人类发明的工具中，我们可以看到，所有早期人类的工具，无一例外的是体力劳动的工具，都是人手的延长和扩大。木矛使人的指甲更尖锐；石斧使手的力气更强大；弓箭使手臂投射的矢飞得更远。对早期人类来说，最重要的是觅食和御敌，而觅食和御敌的唯一手段是手，能否使手"延长"和"扩大"是生死攸关的事。因此，人类发明的第一类工具是体力工具，这也是必然所趋。

近代以来，人们既要改造自然又要更好地认识自然，同时为了尽可能减少改造自然的盲目性，就需要研究自然科学。为此，人们又发明了显微镜、望远镜、电话等工具，这些工具又将人的感官"延长"和"扩大"了。

尽管蒸汽机革命和电力革命极大地解放了人的体力，但却使人的体力与智力出现了不相协调的状况。比如，人类发明的飞机可以以极高的速度飞行，但人的反应能力无法与它相适应。在巴黎举行的一次航空表演中，一架高速飞机俯冲时，由于驾驶员的反应跟不上，结果飞机尾部触地，机毁人亡。人的体力和智力的矛盾，使智力限制了体力的发展，看来，只有使大脑得到解放，人才能真正成为自然的主人。

1945年，人类在工具发展史上又谱写了一页崭新的篇章——电子计算机问世了。这种工具虽然不增加人的体力，也不改善人的感官，但却解放了人的智力，它是人脑的"延长"和"扩大"，它使人类更加聪明，更加能干，它是一种智力工具。

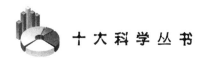

2. 计算的手工时代和机械时代

电脑最初正是作为计算的工具而出现的，它一开始就诞生在人类思维最抽象的领域——数学的园地上。人类从实践中认识了数的概念后，产生了对数进行运算的数学。数学诞生后，计算变得越来越重要，贸易、借贷、建筑、天文观测、农田建设等活动都离不开计算。人的手可能是第一个天然的计算器。在现代汉语中，保留着"屈指可数"这样的成语，这大概是古代人用手指计算的写照吧！今天，世界各国的小学生开始学习计算时，几乎无一不是从扳手指开始的。现代世界各个民族大都用十进位制来计算，可能也与人手十指有着某种内在的联系。

除了人的手，石块、绳结、鳄鱼爪等都曾经被当过计算的工具。人们利用它们将抽象的计算变成了直观形象的过程，减少了计算的困难。但是这些工具有很大的局限性，手指虽然能随时随地用来计算，但手指和脚趾加在一起才不过 20，对于大一点的数，手指就无法表达，石块虽然可以用来计算相当大的数，但不便携带，也不能进行复杂的运算。

春秋战国时代，中国人发明了世界上第一个人工计算器——算筹。算筹是一些直径为 1 分（合 0.23 厘米）、长为 6 寸（合 3.8 厘米）的圆形小棍，依材质不同，其中有竹筹、木筹、骨筹、玉筹和牙筹等。它与天然的计算工具不同，它不是用筹的多少表示数，而是采用一定的排列方式表示数的大小。南北朝时，我国数学家祖冲之就是利用算筹计算出了当时最精确的圆周率（π）值。祖冲之依靠算筹计算了 12288 边形的边长，进行了包括乘方、开方和四则运算在内的 130 多次复杂的计算。单是把一个 9 位数开方，就进行了 22 次计算。这些运算全部用算筹摆开，起码要放好几个大厅。

祖冲之在用算筹运算

随着社会的发展，人们对运算速度提出了越来越高的要求，算筹太占地方，而且排列也太费时间，已满足不了人们的需要。宋朝时，算盘问世了。这是一种完全新型的计算工具，它携带方便，操作灵活，直到今天，算盘还是人们常用的计算工具。1946年，曾举行过一场算盘与台式电动计算器进行计算速度的比赛，出人意外的是，每一局都是使用算盘的人获胜。

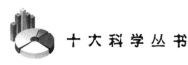

算筹和算盘，都是手工时代的计算工具，计算的时候，它们都是被动的。计算的速度，一是靠运算的人口诀背得熟，二是靠手指拨得快，这些弱点，直到计算工具进入机械时代才被逐渐克服。

第一个用于计算的机器是由法国的帕斯卡发明的。帕斯卡的父亲是个会计，每天晚上，他都要在油灯下算账，小帕斯卡天天坐在旁边陪着。望着父亲每天劳累得精疲力尽的样子，帕斯卡年幼的心灵里萌发了一个愿望：要是能有一架机器代替父亲算账就好了。1642 年，20 岁的帕斯卡果然设计了一台机械计算机，并花了 3 年时间制出了样品。

当时发达的钟表机械肯定启发了帕斯卡。齿轮能使钟表走动，使指针指示时间，它当然也可以用来操纵数字。帕斯卡的机器有一系列的轮子，上面刻着从 0 到 9 的数字。右边第一个轮子用以表示个位数，第二个轮子表示十位数，以此类推。在进行加法计算时，只要在机器上存储第一个数，再转动出要相加的数，就能得出计算的结果。如果某一位的两数字之和超过了 10，机器会通过齿轮自动进轮，完成进位的功能。计算的结果通过黄铜盖上的一排读数窗显示出来。

帕斯卡和加法机

后来，这一发明又启发了德国数学家莱布尼茨，1671 年，莱布尼茨设计成功了一架新型的计算机，对帕斯卡的加法机实行了重大改革。他的机器不仅能进行加减法运算，而且能进行乘除运算。莱布尼茨还受中国八卦图的启发，发明了二进位运算制，这项发明为未来计算机的革命奠定了基础。

机械式计算机很不完美，它只能作简单的数学运算，只取代了大脑极微小的一部分功能，它们还是机械的、被动的，仍离不开计算者本人的操纵。在人类智力解放的道路上，这些成绩只是微不足道的胜利，更加艰巨的任务仍摆在未来发明家的面前。

3. 孤独中的探索

第一个给现代电子计算机设计出完整蓝图的人，并不是现代科学家，而是 19 世纪英国伟大的天才查尔斯·巴贝吉。现代电子计算机的全部核心部件和基本结构，一百多年前已经由巴贝吉一人设计成功。生于机械的时代，却设计出电子时代才能制造的新式智力工具，这就注定了巴贝吉是个难以成功的天才。巴贝吉是银行家的儿子，受到出色的教育，父亲去世后，他继承了大笔财产，但他没有父亲那种善于赚钱的脑袋，却有一个不同凡响的数学头脑。他后来将所得财产全部变成了一架没有问世的机器。

在巴贝吉的时代，世界面临着繁重的计算任务。法国进行了度量衡改革，要对原来的数学用表重新计算。英国的计算工作也异常繁重，巴贝吉在大学读书时，就发现英国在 1766 年编的航海表中有许多错误，而重新制表要进行极其繁复的计算。

有一天，巴贝吉在办公室里做了一个奇怪的梦，梦中看见了一架会

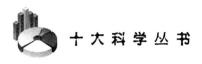

计算的机器，无论多么复杂的数字，它能一口吞下，然后很快地吐出结果。巴贝吉醒后非常兴奋，梦启示了他，他要把梦变成现实。十年后，巴贝吉终于试制成功了一台"差分机"，这是一台计算多项式的加法机，运算的精确度达到6位小数，能用来进行各种数学用表的计算。它是巴贝吉一生中制造成功的唯一一台计算机。

差分机刚试制成功，巴贝吉又着手设计更新型的计算机——解析机。这架机器的设计思想极其高明，它的逻辑结构与现代电子计算机十分相似。这台机器有4个部分：第一部分是存储库，相当于电子计算机的存储器，存储库由许多排轮子组成，总共能存储1000个50位数；第二部分是运算室，相当于电子计算机的运算器；第三部分是控制室，它通过齿轮和杠杆，在运算室和存储室之间来回运送数字；第四部分是输入输出装置。

巴贝吉能提出这样的设计思想，已属难能可贵。但更为可贵的是，他又提出了让计算机按照人们规定的程序自动进行计算的新思想。他的这个想法来自提花织布机的启示。1801年，法国的雅卡尔发明了一种新式织布机，它能按照穿孔卡纸上孔眼的排列，使梭子织出某种图案的布来。雅卡尔用穿孔卡方法给织布机下达指令，使之织出美丽的图案，巴贝吉想用穿孔卡方法给计算机下达指令，使之按预定的要求自动进行运算。

巴贝吉为了制造出他所设想的机器，不仅耗尽了全部家产，舍弃了名誉和地位，而且也耗尽了全部精力。他花了40年时间研制这部机器，后来身体憔悴不堪，筋疲力尽，但他已完全进入了忘我的境界，在他那额角饱满的头脑里，无论做什么事，也无论走到哪里，都在想着他的"解析机"。

巴贝吉没有成功，也没有被人们所理解，他在给人们讲解析机原理时，几乎没人作出反应。当时的人们还无法理解他这项发明的原理和巨

巴贝吉受到穿孔式织布机的启发

大的意义。他的思想超越了时代，超越了当时的认识水平，他成了一名孤独的先驱者。不过，值得庆幸的是他在世界上还有三个知音，只有他们理解巴贝吉设计思想的价值。这三个人中，一个是意大利军事工程师梅纳布里，一个是诗人拜伦的独生女儿阿达奥古斯塔，一个是巴贝吉的儿子 H. P. 巴贝吉。人海茫茫，知音难寻，巴贝吉找到了三个知音，他应该满足了。

导致巴贝吉失败的原因是多方面的，首先，是社会还缺乏制造这种计算机的条件，他所设想的机器如此复杂，各部分的联结如此精致，只有精密的加工技术才能制造，但当时还不具备这种加工技术，也不具备精密的设备。世界上第一架电子计算机是用电子管作为组件的，尚且重达 30 吨，占地 150 平方米，如果用齿轮连杆，其重量之巨，体积之大将难以想象。巴贝吉的科学思想超越了当时的技术条件，技术拖了科学的后退，所以，失败是不可避免的。然而，百余年来，他那先进的设计

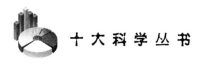

思想一直照耀着智力解放的道路，启发着无数探索智慧之谜的发明家的心灵。

4. 计算的电器时代和电子时代

靠齿轮和连杆操作的机器计算机，由于机械运动速度受着一定限制，计算机的运转速度也不够快，要改革计算机，必须应用新的元件。电的利用为新型计算机准备了新颖的元件。继电器的出现，使计算机由机械时代进入到电器时代。继电器是利用电磁原理，用电使铁棒具有磁性或失去磁性，即利用通电或断电的办法使电路接通或断开的电器元件。1937年，美国人艾肯设计了和巴贝吉的设想类似的计算机，1944年，这台使用继电器的机电式计算机研制成功并且投入使用，每秒运算3次。继电器的开关速度大约是百分之一秒，这对运算速度的限制较大。20世纪40年代已经广泛使用电子管，因此机电式计算机注定是短命的。

电子计算机经过长久的孕育，在科学的母胎里一天天地长大成熟了，第二次世界大战的烽火，催促着它的诞生。在第二次世界大战中，美国莫尔电工学院同阿伯丁弹道研究实验室共同负责，给陆军提供火力表。每张火力表要计算几百条弹道，这靠手工计算或用旧式计算机计算无论如何也跟不上战场的需要。为了解决这一难题，1945年，莫尔电工学院终于制成了世界上第一台以电子管为元件的真正的电子计算机，取名为"电子数值积分和计算机"，英文的缩写是"ENIAC"。不过遗憾的是，它制成后，第二次世界大战早已结束。

电子计算机主要由5部分构成：控制、运算、存贮、输入、输出。

控制部分是按照计算机程序工作的。所谓程序，就是人们事先编好

第一台电子计算机在美国莫尔学院诞生

的进行计算的步骤，它由一连串指令组成，每条指令规定用哪些数据做什么样的运算。在 ENIAC 运算过程中，计算程序是外面输入的，这叫做程序外插型，如果改换算题，就要改变计算机和外插程序相连接的接线板，这样做十分麻烦。

运算部分主要进行加减法运算，复杂的运算被分解成一系列的加减法来进行。ENIAC 采用的是十进位制，每秒运算5000次，比已有的计算机快1000多倍。

存贮器主要是存贮计算过程需要的数据和指令。ENIAC 内部没有程序存贮器，只有用电子管做的寄存器，它可以寄存运算过程中十位数以下的数字，存贮量十分有限。

输入部分可以通过卡片或纸带上穿孔的组合，把指令和数据输入到计算机里去，通过光电装置或其他办法，把数据和指令转换成计算机能够接受的电信号。

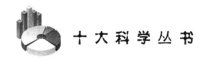
输出部分是用来把计算结果转换成人们所能识别的数字、字母或者图像的装置。

ENIAC 共用了 1 万 8 千只电子管，7 万只电阻，1 万只电容，重 30吨，耗电量每小时 140 千瓦，差不多占了 10 间房子大小，而且因当时真空管的可靠性差，这台计算机不能连续工作 1 小时，而修理时间却比使用时间长得多。

在制造 ENIAC 的过程中，科学家已针对它存在的问题开始设计更新型的计算机。它叫"离散变量自动电子计算机"，其英文缩写是"EDVAC"。匈牙利出生的世界闻名的美国数学家冯·诺伊曼就是 ED-VAC 的总设计师。他后来被人们誉为"电子计算机之父"。

在诺伊曼的领导下，从 1944 年开始，莫尔小组制定了研制 ED-VAC 的方案。这种新型计算机做了三处关键性的技术改进。第一，把十进位制改为二进位制。二进位制是用"0"和"1"的不同组合方式表示所有数的一种进位制，二进位制可以发挥电子元件高速运算的优越性，现代电子计算机已普遍采用了二进位制；第三，改进了贮存器的结构，使其贮存能力比 ENIAC 提高 100 倍；第二，把程序外插变为程序内存，即把计算数据和计算程序一起输入到计算机，存贮在存贮器里。计算机可以从一个程序指令自动进入下一个程序指令。在 20 世纪 50 年代，程序内存计算机广泛使用了存贮量更大的磁芯存贮器。

程序内存的电子管计算机被称做第一代电子计算机，它的结构复杂，价格昂贵，调试困难。美国 1956 年才年产 150 台，总共大约生产了 1000 台。所以它的应用范围主要局限在和军事有关的科研计算方面。社会的进步和发展呼唤着新一代电子计算机的到来。

5. 一代更比一代强

1956 年，第二代计算机终于"降生"了。它是由晶体管制成的，计算速度增加了近百倍。20 世纪 50 年代末，大型电子管计算机每秒最多运算五六万次，60 年代初，每秒运算几十万次的晶体管计算机问世。1964 年，每秒运算二三百万次的大型晶体管计算机研制成功，并且成批生产。第二代计算机的磁芯存贮量是几万到几十万个数据，而且还增添了可以存贮几百万甚至几千万个数据的辅助存贮器——磁盘。第二代计算机也普遍使用了专门的程序语言编程序，编程序的系统简称软件。计算机的物理装置，比如运算和存贮部件等，称为硬件。随着计算速度的提高，软件的重要性日益增加。

庞大的电子管计算机只能在地面使用，而晶体管计算机由于体积和重量减少了上千倍，可靠性增加，成本大大下降，因此开辟了新的应用范围。飞机、导弹等可以安装计算机了，企业管理和生产过程控制也可以使用计算机了，计算机不再只是军事科研方面脑力劳动的助手，它进入了经济界，给人们带来了无法估量的经济利益。

1964 年 4 月 7 日，美国各大报纸都刊登了一条引人注目的消息：IBM 公司将于当天在美国的 62 座城市和其他 40 个国家，同时举行记者招待会，宣布该公司在计算机研制中的又一个重要发明。这次 IBM 公司将宣布什么惊人的消息呢？全世界在翘首以望。

原来，IBM 公司推出了一台新型电子计算机，这次计算机首次采用集成电路，成为计算机发展史上的第三代产品。IBM 公司为开发这一产品曾投资了 50 亿美元，这是当时资本主义世界最大的一笔私人投资。美国研制第一颗原子弹的曼哈顿计划，才花费 20 亿美元，不及

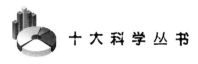

IBM 的一半。但对此，公司领导层中有识之士却胸有成竹，因为他们已经看到计算机又面临着一场新的巨大变革，IBM 公司要想继续立于不败之地，就必须领导这一潮流。

20 世纪 70 年代，大规模集成电路和超大规模集成电路在计算机中取代了集成电路，电子计算机进入了第四代。1978 年，每秒运算一亿五千万次的巨型计算机已经在运行，每秒十亿次的超巨型计算机正在研制。在计算机发展的 30 年中，大约每 5 年到 8 年，运算速度就提高 10 倍，体积缩小 10 倍。此外，第四代计算机还有一个新特点，就是计算机和通信网络结合起来，出现了计算机网络化。用通信网把计算中心和分布在各地的终端设备联系起来。例如，科研人员可以坐在家里，通过类似电视电话的终端设备，把自己的要求传送到图书情报中心的计算机，几分钟后，在终端显示装置上就出现了他所要的书刊资料。

90 年代前后，世界开始向第五代电子计算机进军。以前的几代电子计算机，其基本设计思想都是诺伊曼式的，即先将程序输入存贮器中，然后按照程序逐次进行计算。而新一代计算机完全采用新的设计思想，它们具有"联想"与"学习"功能，具有类似人的眼、耳、嘴功能，能随心所欲地使用声音、图形、图像、文字等手段，并能听懂人的语言，能解决常识性的问题，具有自修复习功能，而且还具有高速度和高可靠性等特点。整个计算机由问题解决—推理系统、知识库系统及智能接口系统组成。主机将由 1000～10000 个处理机构成，每个处理机既能独立地解决不同的问题，又能合作解决难题，运算速度为 10～100 亿次/秒。总之，电子计算机会随着技术的不断进步及人们创造能力的不断提高而一代代地向前发展，一代更比一代强。

6. "苹果"飘香在硅谷

第四代电子计算机不但向高速度方向发展，而且还出现了小型化和微型化的发展方向。微型计算机也称微电脑，它的发展还有一段有趣的小插曲呢！

在美国加利福尼亚州的中部，有一条狭长的盆地，这里气候宜人，四季如春，是美国著名的农业区，并有60万亩苹果园，每当收获季节，红红绿绿的苹果挂满枝头，散发出一阵阵诱人的香味。20世纪70年代后期，这里却以具有更大魅力的智慧之果——电子产品而名闻遐迩。昔日的苹果园旁，沿着一条笔直的高速公路，新建了鳞次栉比的建筑物。全世界的电子商人都注视着这里的一举一动。来自欧洲和日本等国的技术间谍，更是对这里的许多秘密垂涎三尺。这里，就是当今世界高新电子工业最集中的地区——硅谷。

1974年，有两位年轻人因经济窘迫而不得不中断大学生涯，漂泊流落到这块新兴的电子工业区，寻找工作。他们先在苹果园里帮助打杂工，后来分别进了一家电视游戏机公司和仪器公司。这两位年轻人兴趣广泛，精力旺盛，常利用工作完毕后的业余时间，在一起摆动各种电子装置。当时，单片微处理器刚刚问世，他们花了25美元买了一个，借用一间汽车房作为工作室。他们首先试装出一台单板微电脑，再把它和电视机、键盘连接使用，可以在电视屏幕上显示出文字和简单图型。他们又试制了一小批，拿到市场上公开出售，结果出乎意料，这种新颖的微型计算机成了抢手货。

"这玩意儿有前途，我们正式干吧！"两人一合计，就辞去了原来的工作，把旧汽车和一切可变卖的东西抛售出去，换来2500美元作资本，

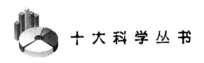

再向当地一家商店赊购了一大批零件，仅用 29 天，就建立了一家小型微电脑公司，专门生产体积小、价格低，适合家庭、个人、小企业、实验室使用的微电脑。这家公司后来发展成鼎鼎有名的苹果电脑公司。

随着苹果牌电脑的崛起，各种型号的微电脑纷纷出世。1976 年，全世界有微电脑 200 万台，到 1977 年就增加到 800 万台，它几乎成了一种万能的工具，用于产品设计、科学管理、资料储存、信息传递、绘图、工业控制等多种领域。据统计，它的应用已有 25000 种之多，并且还在不断增多。

7. 向智能化迈进

《圣经》上说，上帝的花园里生长着智慧果，吃了它就会有智慧。现在，科学家们正在创造着智慧果，这就是人工智能。

自从 20 世纪 50 年代以来，人们在软件研究上花了许多精力，耗费了大量的钱财、时间，但离彻底改变软件落后于硬件的目标，仍有很大距离。这其中的一个原因是，现在的电子计算机和人脑仍有很大的区别。电子计算机尽管在运算速度和存储能力上超过了电脑，但是，它远远不如人脑灵活、聪明。人脑能从实践中吸取教训、积累经验，而计算机只能机械地执行人们预先编制的程序。譬如，一位高明的棋手每走一步能想好下几步，因为他已积累了大量下棋经验，因此，只要稍加思考就可以决定下一步棋的走法。但是，电子计算机要决定下一步最合适的走法，需要对各种走法全部计算一遍，才有可能判断哪种走法最有利。此外，人脑的记忆是以联想为主的，人看到一幅图，便会想到与图有关的人物、事物，由此联想开去，可以记住很多内容。而计算机不会联想，完全是一种"死记硬背"式的记忆。

因此，从严格的意义上说，电子计算机并不会思维，它现有的一切神机妙算，都是人脑通过软件转移到电脑上去的。要使计算机能像人一样思维，需要在计算机的设计思想上作根本性的突破。

首先提出"智能机"思想的人，是英国著名数学家图林。1947年，图林提出了关于"无组织机"的设想。无组织机同现有的一切计算机不同，后者属于"有组织机"，而无组织机在构造上是很随机的。这种机器既无固定的构造，也无固定的程序，但在外部信号的刺激下可以逐步改变自己的行为。那么，如何有效地利用干预来训练机器呢？他提出了"奖—惩"的办法。如果机器对于外部信号的尝试性反应是对的，它将得到一个"愉快"的刺激，并使这种内部状况通过"记忆"加以巩固，否则就会被除掉。这样，利用记忆系统，计算机就会形成一个个子程序，变成能适应各种用途的通用计算机。

要实现图林的梦想，电子计算机需要数量极为巨大、功能极为优越的硬件和惊人数量的存储容量，达到这一目标尚需很长时间。但图林能在电子计算机还处在幼年时代，就以他那深刻的洞察力预见了它的发展趋势：计算机将越来越人脑化。可惜，天才的图林没有来得及提出实现这种智能机器的具体途径，在他42岁时就过早地去世了。

自从图林提出了理想的智能计算机后，人们对如何制造人工智能机，以及最终达到模拟人类智能的问题，进行了艰苦的探索。人们曾试图用仿生学的方法，制成一种"类大脑"的智能机器。但由于人脑是我们已知结构中最复杂的结构，仅大脑皮层就有1000亿个神经元，每个神经元又通过几万个突触与其他神经元相联系，组成错综复杂的神经网络。因此，从模拟具体构造的途径来模拟大脑智能，简直就像"老虎吃天"一样难。

为此，一些科学家试图绕过脑结构这座巨峰，运用心理学方法，进行脑的宏观功能的模拟。这些科学家把人在解决问题时的心理活动总结

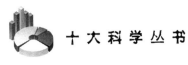

成一些规律，然后用计算进行模拟，从而使计算机表现出各种智能。1956年，美国心理学家纽厄尔等人提出了逻辑理论机程序，使计算机不再只是根据事先编好的刻板的算法程序解题，而是将人脑在进行演绎推理时的思维过程、规则和所采取的策略、技巧等总结成规律，编进程序。并且在计算机中先存贮一些公理，再给它一些推理规则，然后让机器自己去探索解题的方法。这种程序不是机械式程序，而是启发式程序。利用这一程序，计算机证明了一些数学定理，而且还可以学会下棋。

以脑为原型的结构模拟和通过软件实现的功能模拟，是目前人工智能研究的两个主要方向。尽管到目前为止，达到计算机具有思维能力的目标仍然遥远，但是，人们已经看到了希望的曙光。人们在机器视觉和机器听觉的研究方面已取得巨大进展，在感知能力和思维能力发展的基础上，智能机器人应运而生。智能机器人具有感知和理解环境、使用语言、进行推理和操纵工具等技能，并且它们还能通过学习适应环境，模仿人完成某些动作。

20世纪70年代研制成功的"专家咨询系统"，是人工智能研究的一项重大成果。专家系统可以超越思维的个体局限，把许多科学家的智慧集中在一起，形成集思广益、博采众长的机器"智囊团"。目前，科学家们还研制成"计算机教师""计算机医生""计算机化学家"等智能机器。

世界上没有完美无缺的事物，电脑也不例外。电脑没有意识，不能明辨是非，虽然它很灵敏，却没有真正的灵魂。它一切受人驱使，既可成为模范工人、科学家的助手，也可成为装神弄鬼的巫婆和游手好闲的赌棍。

在美国和日本很流行计算机算命。你只要向机器说明自己的出生年月日和性别，计算机会显示出你的性格和命运。电子计算机也被人制成赌钱机,成为赌场的现代化赌具。此外,电脑也并不是无所不能的,它本身也有弱点和缺点,它会被人利用,成为犯罪的工具。

对电脑来说,谁掌握了控制它的程序,谁就是它的主人。因此,电脑很容易上当受骗。美国一家大航空公司把技术资料储存在一台计算机里,后来,有个工业间谍掌握了它的程序,轻而易举地偷走了重要情报。美国一家银行有个职员利用他的软件知识,让计算机修改自己的记录,计算机照办了,这样,他轻易地从计算机中骗走了2130万美元的巨款。

电脑本身会不会犯错误呢?也会的。1978年,日本川崎重工业公司一个计算机控制的机器人突然用铁手抓住一个工人,迈开大步,把工人当做机件放在切削机上,犯下了一次残酷的杀人罪。

看来,虽然电脑是我们的亲密助手,但是,我们不应对它无限信赖,也不应对它无限崇拜。电脑不是神仙,也不是上帝。也许我们对它除了有99%的信任,还应保持1%的戒心呢!

8. 光辉的未来

现在,人类正进入一个光辉灿烂的计算机文明时代。在过去的几十年间,人类飞上九天揽月,深潜五洋捉鳖;人类发现了二百多亿光年外的天体,洞察了基本粒子的秘密;人类开始揭示了生命的奥秘,进行了无比复杂的基因工程的研究,所有这些奇迹,都离不开电脑。

电脑诞生以来,子孙繁衍,已经历了好几代。它有着光荣的过去,也将有更加光辉的未来。未来的计算机将有更快的运算速度,有更加高级的智能,它们会思考、会学习,会解决更加复杂的问题。

科学技术的发展对计算机的运算速度有更高的要求,1957年,用

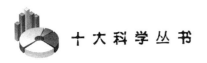

当时最好的计算机去计算飞机机翼的二度空气动力学问题，要花 30 年的时间，而现在的电子计算机只需几分钟。但是，对于气象预报、地球物理、石油工程、宇航技术、热核反应等方面的问题，计算实在太复杂、实在太花时间了，即使用超级计算机计算，长年累月也不能解决。未来的电脑很可能利用约瑟夫器件，这种电脑的速度将比现在最快的电脑还要快一百倍，而它的功耗将只有现在电脑的千分之一。对于现在要花一年半载才能计算完毕的问题，约瑟夫逊机只要一两天就能轻而易举地加以解决。此外，它的信息储存能力也是现在的电脑所望尘莫及的。仅一台约瑟夫逊机就能够贮存全世界书籍中的内容。

现在，电脑似乎已到了小型化的极限。1972 年以后，1 平方毫米的芯片上可集成 45 万个元件，后来用电子束或 X 射线进行光刻，集成度虽又有提高，但已接近了技术上所容许实现的极限。密集的电路超过一定的限度，散热就成了问题。上百万个电路一齐发热，温度升高，集成电路的性能势必受到影响。而且，电路集成度太高，电路相互之间还会产生感应和干扰。看来靠增加集成度来使电脑小型化的路走不通了。

然而，人类对超小型电脑的需求却又十分迫切。远地空间的探索，人类还难以实现，飞船上需要携带电脑，以便处理飞行中的一系列问题。宇宙航行的代价十分昂贵，每增加 1 克重量，就要多耗几万、几十万美元，因此，空间科学家很希望高功能、超小型的电脑成为探索远地空间的先锋。生命科学家同样渴望超微型电脑的问世。人体内神经活动、各器官活动的研究，需要把超小型电脑埋入人体，以便进行细致的观察。此外，人工脏器的控制、某些疾病的治疗，也迫切需要超小型电脑的帮助。

未来，科学家们将用遗传工程来生产有机计算机。这种电脑的元件不再是集成电路，而是有机分子或蛋白质分子。这种电脑只有在生物工厂中制造。对此，有些人可能会感到不可思议。其实，我们的人脑自身就是一台超级的有机计算机，大脑中没有硅片、没有集成电路，只有神经元和各种生物大分子，但是，大脑的功能却使一切电脑望尘莫及。从人的大脑可以看到，用有机分子或蛋白质分子制造新型电脑是完全可能的。

人类智力的解放要求电脑有更高的智力。现在的电脑虽然代替了人脑的一部分功能，但是它们只有幼稚的智能，对于人脑最宝贵的功能——创造力则缺乏直接的帮助。不错，计算机能与象棋大师一决雌雄，但那只是人们给它输入了棋谱的结果；计算机能识别一个人特有的指纹，但它却不能识别自己的制造者。从创造的观点看，电子计算机都是"低能儿"。

目前，科学家们正在创造各种各样的智能机。这些智能机有的能自我学习；有的能自己读懂大学里的各门课程；有的还会联想，比如提到火，计算机会联想到燃烧、爆炸、火灾、灭火等内容。新出现的智能机可以阅读几种文字的报纸。美国的一台智能机还能用几十个小时创作出一部十几万字的中篇小说，而且情节曲折生动，文笔也颇流畅。在计算机王国中，还诞生了一些颇具才华的象棋高手、乒乓球运动员、作家、画家、导演，真是群"星"灿烂，"机才辈出"。

人工智能研究中最伤脑筋的问题是人机不能直接联系。人脑思考的问题，只有经过多次翻译，变成计算机语言后，计算机才能帮助解决。未来，人大脑中的信息可以通过脑电图拾取器及时传输给计算机。大脑中默默地想些什么，能通过脑电波加以掌握，不同的波形代表不同的概念、不同的思想。通过获得脑电图就能及时了解大脑的信息。同时，计算机的信息通过一种极细微的"神经电话"传输给大脑，为大脑提供资料，帮助人来解决问题。

人机之间的桥梁一旦建立，电脑将替代大脑的记忆、运算，人的思维速度、学习能力将千百倍地提高，人的智力将像火山一样爆发，将像喷泉一样不可遏止。那时，你要想解决什么问题，只要戴上脑磁图拾取器，接通"神经电话"，大脑中就会涌现出种种创造性的设想，计算机会帮助你思考、回忆、选择、比较，帮助你采摘无比美丽的思维之花。

　　在智力解放的道路上，人类已经取得了一个又一个光辉的胜利。在通向未来的道路上，人类还将克服重重难关，取得更加辉煌的成就。一代代电子计算机可谓是人类征服自然、解放智力的一座座胜利纪念碑，它记录着世世代代科学家们的崇高理想和艰苦奋斗的成果，它显示着科学技术在改造自然、改造社会方面的巨大威力。因此，关于电脑的历史，明天续写的篇章将更加绚丽多彩、耀眼夺目！

七、火箭

    茫茫宇宙，无边无垠！仅银河系的直径就有十万光年，其中包含有一千亿颗以上像太阳这样巨大的恒星。如果我们能够在这样广阔无边的星际空间自由地旅行，那该是多么美妙啊！到宇宙中遨游，是人类自古以来的愿望。可是，飞出地球不是件容易的事。就拿气球来说吧，目前世界上最好的气球也只能升到 3 万米的高空，至于速度，那就不用说了。那么飞机又怎样呢？目前世界上飞得最高的飞机所能达到的高度，也不过跟气球相仿，而最快的飞机，也只能达到冲出地球引力所需要的最低速度的八分之一。

    可见，飞往宇宙空间是摆在人们面前的一项艰巨而复杂的难题。难道人类永远不能摆脱地球的"束缚"吗？经过成千上万科学家和技术人员的努力研究和百折不挠的实践，直到 20 世纪，人们终于找到了一种办法，这就是利用火箭把人送往太空。到目前为止，火箭是唯一能打开宇宙大门的"钥匙"，因此，它可以称得上是人类步入太空的"阶梯"。

1. 火箭的故乡

    为什么只有火箭可以飞离地球呢？这是因为：首先，火箭的飞行速度可以达到足以逃脱地球引力的速度。其次，火箭发动机是一种反作用发动机，它不需要依靠周围介质，尽管宇宙空间没有空气，它仍然可以工作。在这一点上它与一般的飞机、汽车和轮船等运输工具不同。比如，飞机飞行时要借助空气上升，轮船航行时则要借助水的浮力，汽车或火车也需要路面和铁轨的摩擦和支撑力。火箭借以运动的物质，则完全存在于自身之中。

由于火箭有这样的特点，它可以冲出地球，飞向太空。但火箭达到这一步，却经历了一个漫长的历程。早期的火箭并不具备这样的本领。我国是世界公认的最早发明火箭的国家，早在火药使用之前，我们的古代人已经发明了一种火箭。这种火箭是在箭头上绑一个麻布包，包里装上油脂等易燃物，在点燃之后射向目标。直接利用火药的力量来推进的火箭，也是我国最早发明的。据说宋代（公元 1000 年左右）一位名叫唐福的人创制了世界上第一支火箭。当时，甚至有人用 47 枚大火箭作推进座椅飞行前进的试验。因此，国外学者称中国人是"第一个企图使用火箭做运输工具的人"。

世界上也公认，最早实际应用的火箭也是在我国发明的。由于古代军事的需要，火箭技术得到了发展。明朝初的"火龙神机柜""一窝蜂"等已是多发火箭了。曾显赫一时的"飞空砂筒"火箭，用了可两次"点火"的一正一倒导向装置，一个作为飞去的动力，爆炸后，另一个引燃作为飞回的动力，这就是最早的两级火箭。尽管我国没能最先

几种古代的火箭

发明真正航天用的现代火箭，但现代火箭的原理——利用火药燃烧产生的喷射气体推动箭身飞行，却是我国古代人最早发现和利用的。

2. 现代火箭的探索者

世界上最早科学地说明火箭原理的，是英国的大科学家牛顿。他在1678年提出的力学第三定律："作用力等于反作用力，但方向与其相反。"科学地回答了物体受力运动的问题。但牛顿并不是专为研究火箭而提出这个定律的。此后，英国人也使用了火箭，也许是由于1766年，英国的军队在东印度遭到火箭射击的缘故。后来在反拿破仑的战争中，他们还把这种武器出租给盟军。19世纪时，诺贝尔发明了"安全炸药"，接着远程大炮也发展起来了，而且其准确度也较高。这样，火箭这个一向被人们重视的武器，渐渐被人们抛到脑后去了。

现代火箭的产生和发展是建立在大量的理论和实验研究基础上的。由于液体燃料燃烧的理论和技术问题要比固体燃料简单，所以现代火箭是从液体燃料火箭开始的。苏联、德国、美国等国家都有在研制火箭方面取得杰出成就的代表人物。

其中最有影响的是俄国科学家齐奥尔科夫斯基，后人将他誉为"宇航之父"。齐奥尔科夫斯基最先认真地研究了火箭如何飞往宇宙的问题，1903年，他在一篇论文中提出了火箭推进的速度公式。并且他第一个把火箭原理和航天的概念建立在科学的基础上，研究了飞船的起飞方法和条件，还想象了未来人在飞船里生活的情景。同时，他大胆地提出，采用液体燃料作推进剂的多级火箭，并建立地球以外的火箭站的设想，科学地证明了人类到太空旅行的可能性。

令人难以想象的是，这位出生在俄国一个小镇上的"宇航之父"，

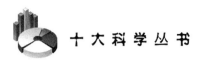

居然从来没有进过学校的大门。他从小体弱多病，曾经患猩红热，病后耳朵几乎聋了，所以无法上学听课。他凭着顽强的毅力，坚持自学。22岁时，他参加了招聘中学数学教师的考试，结果成绩优异，他开始了做中学教师的生涯，并利用业余时间从事科学研究。他一生共发表600多篇论文、科普文章和科学幻想小说。然而，他的一系列研究工作并没有受到俄国统治者的重视。只是到了十月革命后，由于列宁的支持，他的天才才广为人知。也许因为他那时已年老，所以他始终没能实现制造出他所设想的那种液体火箭的夙愿。

最早制出齐奥尔科夫斯基所设想的液体燃料火箭的，是一位名叫戈达德的美国科学家。1926年，戈达德在美国的一个农场里，发射了世界上第一枚以液态氧和汽油为推进剂的火箭。这支火箭的液体燃料虽然仅燃烧了2.5分钟，推动火箭飞行了68米，但戈达德非常了解它的意义。当火箭落回地面时，他激动地说到："这一下我可创造了历史！"确实，戈达德后来被人们誉为"火箭之父"。1926年的试验是戈达德的新的起点，在这之后，他又提出了多级火箭的理论，企图把火箭射到月球上去。但是，他的研究工作，就像齐奥尔科夫斯基最初的那样，也没有受到美国政府的重视，所以，最先实现现代火箭技术的是德国。

德国人在20世纪20年代末期就开始研制液体燃料火箭，在1933年至1936年间，先后研制出了A-1、A-2、A-3型火箭。到了1942年，德国科学家在培内明德火箭研究所试验成功了可用于实战的世界上第一枚现代化火箭——A-4型火箭。这就是后来著名的V-2导弹所用的火箭。它使用液氧——酒精作推进剂，最大速度接近每秒2千米，射程189.8千米左右，比当时的所有大炮，包括第一次世界大战时著名的"巴黎炮"的射程还要远。

A-4型火箭的成功意味着什么呢？它充分说明，当火箭可以自备氧化剂时，它的飞行高度可以不受大气的限制，能够在没有空气的外层

空间飞行。可见，人类距离飞出地球的目标
已为期不远了。如果德国人此时继续研究用
火箭来发射人造卫星的话，很可能人类的航
天史要重写。因为此时只要把火箭的速度提
高到 7.9 千米/秒，就具备发射卫星的能力
了。但是，当一些人还陶醉在把液体燃料火
箭发展成太空飞行工具的梦想中时，在希特
勒统治下的"第三帝国"又为其提出了另外
的要求，即用它来制造新式武器。这是由于
希特勒所感兴趣的是 A－4 型火箭的速度，
因为它已提高到音速的 6 倍，这样的速度远
远超过了飞机的速度，足以使实力强大的英
国空军防不胜防。

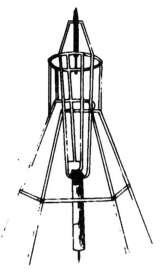

第一枚现代火箭

　　1944 年，希特勒下令对英国、法国等地使用 V-2 导弹。这是当时
威力最大的武器，因为它能够把 1 吨重的炸药，高速度地送到 330 千米
远的地方爆炸。在第二次世界大战期间，德国共发射了几千枚 V-2 导
弹，其中大约有 1200 枚击中伦敦，使 2500 人死亡、6000 人受伤，平
均每枚导弹造成的伤亡不到 10 人，V-2 导弹真是令人大失所望。

　　希特勒本想凭借 V-2 导弹扭转战局，但是这种导弹的作战效果远
不及飞机、坦克和大炮。因为 V-2 导弹存在两个致命的缺点：一是使
用常规炸药做弹头，很不经济；二是制导不精确，命中率太低。但是它
毕竟是一种新式武器，所以受到许多军事家的高度重视。德国在第二次
世界大战中战败后，领先于同盟国 7 年的火箭技术，被苏联和美国搞去
了。在这方面，苏、美还进行了激烈的争夺。美国人首先占领了德国的
培内明德火箭研究所，缴获了 100 多枚 V-2 导弹和生产设备，俘虏了
包括火箭专家布劳恩在内的 130 名主要研究人员。苏联则来晚一步，把

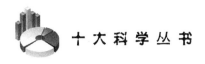

剩下的导弹、工厂设施以及一些普通工程技术人员运回国内。

　　火箭可以做导弹、原子弹和氢弹的运输工具，它的这一军事价值在第二次世界大战以后立刻充分地显示出来。至于火箭所具有的科学价值，直到1957年第一颗人造地球卫星上天后，才被人们广泛地认识。

3. 冲破地球引力的束缚

　　水平方向投掷物体，速度越快投掷得越远。比较一下孩子们投石头和手枪子弹的飞行情况，你会马上明白这一道理。但无论子弹还是石头，它们最终还要落到地上，这是由于它们受到地球引力作用的结果。早在17世纪时，大科学家牛顿就做过这样的假想：如果我们从地球表面高高的塔上，向水平方向投一块石头，石头就会以抛物线的轨迹运动并落到地面上。如果可能的话，我们不断地提高石头的初速度，使石头运动的抛物线与地面的曲线一致，则石头就不会落到地面上，它将反复地围绕地球运行下去。实际上，这就是今天发射人造卫星的基本道理。

　　在牛顿以后的几百年里，人们在实践中做过多种试验。例如，利用火药火箭、飞机、固体燃料火箭等。但是任何人发明的动力，都不能达到使物体不掉下来而绕地球作圆周运动的速度，更不用说使物体达到冲出地球引力束缚的速度了。

　　飞机在大气层中飞行，称做航空。人造卫星和宇宙飞船在地球大气层外的空间飞行，称做航天。火箭由于自备氧化剂，可以保证能够在没有空气的外层空间飞行。但除此之外，航天还需要火箭具有一定的速度。科学家已计算出，要想进入宇宙太空飞行，物体必须达到"第一宇宙速度"，即7.9千米/秒。这是离开地球生物圈的最低速度，也称轨道速度。当被发射出去的物体在大气层外获得这一速度时，这个物体将围绕地球运行。若物体在大气层外能获得 11.2 千米/秒的速度（也称第二宇宙速度），这个物体将摆脱地球的引力，成为太阳系中的一颗行星；若物体能达到 16.7 千米/秒的速度（即第三宇宙速度），这个物体将沿一条双曲线轨道运行，最终摆脱太阳的引力，飞到太阳系以外去。可见，人类要想遨游太空，提高火箭的飞行速度是最迫切需要解决的难题之一。

然而，无论怎样，要想达到这样高的速度，需要有巨大的推力。长期以来，人们为此付出了巨大的代价。直到 1957 年苏联成功地发射第一颗人造地球卫星时，第一宇宙速度才被达到。一艘火箭的推力大小，主要是由它所装载的燃料量来决定的，因为火箭发射时的重量的 90% 几乎都是燃料的重量，所以，由火箭的总重量便可推测出火箭的推力。比如，迄今最大的火箭是美国 1967 年制造的"土星五号"，这个巨大的火箭在地面矗立起来高达 110 多米，直径大约 10 米。它由三节火箭组成，顶部装有电子计算机，负责指挥各级火箭发动机的点火、熄火等工作。由于它的体积太大，光是把这几部分运送到火箭发射场，就是一项非常困难的工作。为此，人们特制了一条巨大的驳船，通过水路来运输。"土星五号"火箭的第一级使用的发动机，就具有 690 吨的推力，而该火箭安装了 5 部这样的发动机。可见，发射火箭是多么不容易啊！

目前，火箭技术仍在继续发展着。例如，人们提出了一种由涡轮火箭发动机和冲压式火箭发动机组成的综合式火箭发动机的设计方案。此外，人们还在研制原子能火箭发动机，利用核能做动力。可以预言，火箭为人类冲出地球，走向太空，将做出更大的贡献。

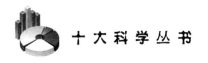

4. 人造地球卫星上天

　　运载物体的火箭又称运载火箭。运载火箭不仅可以运载导弹头，还可以运载人造地球卫星。所谓卫星，就是指能绕行星运动的星体。比如月亮就是地球的卫星。当火箭达到第一宇宙速度时，它就可以保持绕地球运动，这时它所运载的科学装置就称为人造地球卫星。

　　人造地球卫星的本领可大了！它能够进行军事侦察、探测地球资源和考察其他星球。当侦察卫星与赤道成 60～70 度的夹角环绕地球飞行时，一昼夜可绕地球飞行 16 圈，能将整个地球扫描一遍，并可拍摄出清晰的地面照片，通过电视系统发送回地面。除探测外，人造地球卫星还可以用于通信，通信卫星可以将收到的信息迅速传遍五大洲。此外，人造地球卫星还可以预报天气，目前世界上的主要气象卫星，都是发射到赤道上空 35800 千米的地球同步卫星，其观测数据供有关国家共同使用。

　　第二次世界大战以后，美苏展开了激烈的军备竞赛。美国在 V－2 导弹的基础上，在布劳恩等德国火箭专家的帮助下，加紧研制大型液体燃料火箭。同时，由于科学研究的需要，有人提出了发射人造地球卫星的想法。美国科学家曾经把一些火箭用于科学探测上，并取得了高空大气层、电离层、宇宙射线等方面极其珍贵的资料。但要想进一步进行科学探测，就需要利用人造地球卫星了。

　　实际上早在 1946 年，美国航空海军局在空中的"边缘计划"中，已经正式提出于 1951 年发射人造卫星。但是 1948 年时，这项提议被新组成的国防部取消了。当时国防部认为，无论在科学上还是在军事上，都没有发射人造卫星的必要。1957 年 7 月到 1958 年 12 月底，为国际地球物理年，在这之前 3 年，数千名科学工作者呼吁，希望能在国际地球年发射世界上第一颗人造卫星。到这时，美国才正式宣布准备在 1957 年前后发射一颗科学卫星。

在 1957 年以前，发射卫星主要是科学上的需要，大都是科学家所关心的事，那时美国的政界还没有充分认识到空间科学技术可以变成政治斗争的工具。而苏联领导人却特别重视对空间科学技术的研究。1956 年，苏联就研制成功了第一枚洲际导弹。苏联认为，如果能够抢在美国之前发射一颗人造卫星，就可以向全世界显示自己的科技实力。于是，1957 年 10 月 4 日，就在美国预定发射卫星之前的两个月，苏联成功地用"卫星 1 号"运载火箭发射了人类历史上第一颗人造地球卫星——"旅行家一号"。这一创举顿时震惊世界，它标志着人类由此开始进入几千年梦寐以求的宇宙航行时代。

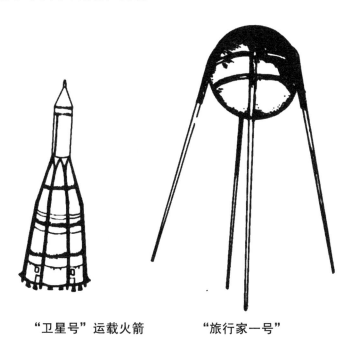

"卫星号"运载火箭　　　　"旅行家一号"

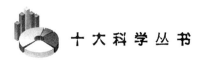

就在"旅行家一号"飞上天空的时候，苏联在火箭方面的科技水平还落后于美国。苏联之所以能成功地发射人造卫星，首先是由于著名科学家科罗列夫的功劳。科罗列夫在青少年时就显露出超群的才干，他在25岁时就编写了《火箭发动机》一书，26岁时便参与设计苏联第一枚液体火箭，27岁时又出版了另一部著作《火箭飞行》，29岁时，他和同事们一起设计了苏联第一代喷气式飞机。1955年，他又主持设计了一种可以运载核武器的火箭，第二年就试验成功。这种火箭由7枚小火箭组成，是一种多级火箭，而最后一级可以加速到第一宇宙速度。

尽管苏联取得了一些制造火箭方面的经验，但要设计出复杂的人造卫星，并且抢在美国之前发射成功，无论从时间上还是条件上，都有较大的困难。这时，科罗列夫机智地想到，只要是一个空心球，里面装上能向地面发射简单信号的短波发射机，并能在空间绕地球飞行，那就是卫星！

1957年夏天，科罗列夫把这一计划呈交给政府，几个星期后获得批准。10月4日早晨，世界上第一颗人造地球卫星在中亚的拜克努尔航天中心发射成功。这颗卫星重83.6千克，内部没有什么特别的仪器，只有两部无线电发射机和两个化学电池作为发射机的能源。此外，卫星内部还装有一台磁强计，一台辐射计数器和一些测量卫星内部温度和压力的感应元件。这颗卫星在绕地球运转过程中，搜集了很多有价值的资料，并用无线电信号把这些资料发射回地面雷达跟踪站。

运载这颗卫星的火箭——"旅行家一号"于1957年12月1日进入稠密大气层陨毁，因为那时的科学技术还没有达到使火箭安全返回地面的水平。而那颗卫星在天空运行了392天，绕地球飞了1400圈，行程6000万千米，于1958年11月4日陨落。为了纪念人类进入宇宙空间的这一伟大创举，苏联在莫斯科的列宁山上建立了一座纪念碑，碑顶放着这颗人造天体的复制品。

就在这颗卫星发射一个月后，苏联又再接再厉，发射了第二颗人造卫星，这颗卫星比第一颗重 6 倍，并且首次将一只名叫"莱卡"的小狗带到宇宙太空中去。这一系列创举唤起了更多的人关注人类宇航事业的发展。

苏联发射人造卫星的主要任务不是进行科学考察，而是进行政治宣传，第一颗卫星上天是当时最引人注目的科学事件，每个听广播、看报纸的人，甚至所有的中学生，都知道苏联取得的这个重大成就。这样的宣传，无疑是对科技实力强大的美国的一种挑战。美国哪肯落后，于是，一场激动人心的空间竞赛在两国之间悄悄展开了。

1958 年 1 月 31 日，美国研制的第一颗人造地球卫星发射成功，它的重量比苏联的卫星要轻，而且带有一些能探测放射性辐射的仪器，取得了大量科研成果。1958 年 3 月，美国第二颗卫星上天，并首次使用了太阳能电池。

苏联在发射第二颗卫星时，虽然把狗带入太空中，但由于当时没有实现回收，无法让它安全返回，为了免去它的痛苦，一个星期后便把它毒死了。第一次进入太空又安全返回地面的生命，是两条狗和一些老鼠、苍蝇，它们乘坐的是苏联的"太空舱二号"火箭，这艘火箭于 1960 年 8 月进入轨道，并按计划安全返回。这项成就标志着人类探测太空进入了一个新的阶段。美苏在这个领域里的竞争从此也日趋激烈，都力争第一个发射载人的火箭。

5. 人类在太空遨游

谁能首先完成载人火箭这一创举呢？苏联最初发射卫星用的火箭是 RD—107 型，最大推力是 102 吨，它是由四个发动机组成的"集束"式发动机，每个发动机的推力只有 25 吨左右。这种火箭是不能够把载人宇宙飞船送上天的。怎么办呢？研制大推力火箭已是远水解不了近渴。这时，科罗列夫又出了一个点子，叫"集束的集束"。办法是将 5 个 RD-107 型火箭组合起来，第一级火箭就由 5 组总共 20 个发动机组成。这样做，虽然由于火箭的自重太大，会使效率受到影响，有效负荷只有 5 吨，但这样可以争取时间。1961 年 4 月 21 日，苏联的"东方一号"火箭发射成功，世界上第一位宇航员———一位刚满 27 岁的空军少校加加林，完成了绕地球飞行一周的壮举。此后不到一个月，美国也发射了第一艘载人飞船———"水星号"。但它所用的火箭在技术水平上要比苏联的高，它的第一级火箭只有两个主要发动机。

早在 1960 年，美国国家宇航局就制定了在 10 年里把人送上月球的计划。这项登月计划也称"阿波罗计划"。阿波罗是希腊神话中的太阳神，是主神宙斯之子，代表着光明和力量。"阿波罗计划"包括研制"土星五号"火箭、设计登月飞船、试验登月软着陆、选择登陆方案进行遥控探测、挑选和训练宇航员等一系列复杂而艰巨的工作。为了实现这一宏伟计划，美国有 120 所大学和实验室参加了有关工作，涉及 2 万家公司和工厂，投入 40 万人力，花费了 200 多亿美元。像这样大规模的研究开发工作，在人类历史上是绝无仅有的。

1969 年 7 月 20 日，一个使世界为之震动的一天终于到来了。美国的"阿波罗 11 号"宇宙飞船把两名宇航员送上月球。从此，这宁静、无风、

"阿波罗"飞船

无云、无雨、无雪的月球世界，第一次印上了人类的足迹。嫦娥奔月已不再是神话。两名宇宙员在月球上收集岩石和土壤标本，拍摄月球景象，装置科学仪器。他们在月球上漫游了 2 小时 21 分钟，然后乘登月

船回到停在月球上空的指挥船和另一名宇航员会合，安全返回地球。

"阿波罗十一号"成功后，美国又发射了阿波罗十二号至十七号（其中十三号因机械损坏没有成功），总共有7批21名宇航员参与登月飞行，其中有12人次抵达月球表面，他们在月球上安装了5座核动力科学实验站，存放了3辆月球车，带回了472千克的月球岩石和土壤标本，分给世界上70多个国家的100多个实验室进行研究。

火箭可以飞出大气层，卫星可以回收，那么能不能让飞机来一举完成这两项任务呢？于是，20世纪80年代出现了航天飞机。航天飞机具有运载火箭、宇宙飞船和普通飞机的综合性能。它起飞时，能像火箭那样瞬间冲向太空；进入轨道后，能像飞船那样绕地球正常运转；返航时，又可像飞机那样在大气里滑翔，在普通机场降落。

1981年4月12日，美国成功地用巨大的运载工具发射了第一架航天飞机——"哥伦比亚号"。它全长为37米，翼展24米，重73吨。在发射时，飞机外面的硅瓦有6片脱落，另外约有12块严重损坏，300多块硅瓦片有轻微损坏，但它还是安全飞回来了。航天飞机里有可以乘7人的座舱，还有可以载30吨货物的货舱。它既是太空中的公共汽车，又是太空中的卡车。

将人造卫星装在航天飞机中，在航天飞机上用火箭发射，将其送入轨道，要比从地面上用火箭直接发射便宜得多；航天飞机的货舱也可做为相当理想的空间研究室，科学家可以在这里穿着衬衣进行各种实验。此外，科学家们还制订出利用航天飞机建造空间工厂的计划。无重力、真空、无菌的宇宙空间是理想的工厂环境，在那里可以制造出高纯度药品和用于制造半导体的单晶硅，以及强度高过钢的几倍的超级合金等，而这些产品在地球上很难生产。可以预言，航天飞机会得到更广泛的应用，具有广泛的发展前景。

尽管人类发明了火箭，并在航天史上创造出一个又一个的奇迹，然而，人类也为此付出了巨大代价。这一侧面更加证明科学技术研究的艰难、复杂以及探索者们的勇敢和毅力。

1967年1月的一天早晨，在肯尼迪航天中心的发射场，矗立着70多米高的巨大火箭和"阿波罗"宇宙飞船，三名宇航员穿好宇航服，钻进飞船里边，随后关紧舱门，开始检验控制器。这时，一名宇航员突然大声呼叫："火！火！起火了!"刹那间，出现猛烈的火光，飞船立刻被浓烟和烈火包围。人们看到火光，立刻急速跑来营救他们，人们奋不顾身地努力与通道上的浓烟和烈火搏斗，不到3分钟就打开舱门。然而已经太晚了，三名宇航员全部被烧死了。

时隔三个月，苏联在中亚拜科努尔太空中心发射了一艘巨大的"联盟一号"宇宙飞船，它花了26小时40分钟，在太空绕地球运行了17圈，在返回地面时坠毁，一名宇航员身亡。

又过了四个月，苏联又发射了"东方红十一号"宇宙飞船，第二天同"礼炮号"飞船对接。结果对接成功，三名宇航员做了大量科学实验。飞船在太空绕地球飞行了24天，返回地面安全顺利。乘直升飞机赶来的人们，急忙奔向飞船，可是，打开舱门一看，全都惊呆了。他们发现，三名宇航员都死了，他们都坐在各自的椅子上，看上去相当安静，好像没有受到什么伤害一样。

1986年1月28日，美国航天飞机"挑战者号"升空75秒钟后突然起火爆炸，机毁人亡，造成人类航天史上最悲惨的事故，也是人类探索太空付出的一次重大代价。其经济损失达14亿美元，7名宇航员全部遇难。

然而，人们并没有被困难和灾难所吓倒，科学技术的探索需要智慧，更需要有勇气，有百折不挠的精神。1988年9月29日，美国航天飞机"发现号"重返太空，它要向全世界证明，人的力量、科学的力量是战无不胜的。

6. 飞往宇宙深处

地球以外的太阳系其他行星上，以及太阳系以外的其他星系中，有没有生命？那里是什么样的景象？对此，人们的好奇心越来越强，并开始了漫长的探索之路。宇航技术发展起来后，人们更急于解开这个谜。于是，人们就从地球的两个近邻——金星和火星开始。

从 1961 年到 1978 年底，人们向金星发射了 16 个探测器；向火星发射了 15 个探测器。其中，有的探测器进入了金星和火星的大气层，有的在金星和火星表面实现了软着陆，由此，人们获得了许多有关金星和火星的宝贵资料。

对于太阳系的其他星球，人类也派飞船进行了远征。1973 年 11 月，水星探测器"水手十号"向着水星出发了，它在漫长的飞行中，度过了 506 个日日夜夜，向自己的"故乡"——地球，传送了 4000 多幅清晰的电视照片，使人们对水星也有了新的了解。

1973 年 4 月，美国发射的"先驱者十一号"航天器，经过几年的长途飞行，于 1979 年 8 月底，在距离土星 2.1 万千米处掠过，拍摄了数以万计的土星照片，使人们新发现了土星的两颗卫星和两个光环，以及土星的磁场。1977 年 8 月，美国又发射了两个"旅行者号"探测器。"旅行者一号"于 1979 年 7 月接近了木星，于 1981 年接近了土星，并拍摄了大量照片发回到地球上来。

"旅行者二号"另有它的功劳，它将向更远的太空进发，去观测土星、天王星和海王星，到 20 世纪 90 年代初，它将跨过太阳系的边界——冥王星的轨道，飞出太阳系，到更遥远的星球上去寻找生命。为此，科学家们在探测器上安装了一套名为"地球之音"的唱片，上面录有 60 多种语言讲的问候语和 100 多种飞禽走兽的鸣叫声，还录有世界各国不同民族、不同历史时代的音乐，其中还有我国的一首古筝曲——"流水"。此外，它还带有电子录像，录有地球上发生的各种自然现象和世界各国的风土人情，等等，以便有朝一日在遥远的星际空间，寻找到人类的亲戚——宇宙人时，向他们介绍地球上的情况。它的使命可谓任重而道远！

但最先能够飞出太阳系的，不是"旅行者二号"而是"先驱者十号"，它是 1972 年 3 月美国发射的第一个木星探测器。当它穿越了火星轨道后，同年 7 月进入了小行星带，1973 年 2 月安全无恙地通过了这个危险区域，径直地向木星飞去。这个体重 270 千克的"使者"一路轻松地飞行了 21 个月，行程 10 亿千米，于 1973 年 12 月，风尘仆仆地来到木星上空，发回了有关木星的消息。由于木星巨大引力的加速，"先驱者十号"终于克服了太阳引力场，成为第一艘逃离太阳系的宇宙飞船，它已穿过最远的冥王星轨道，以每小时 4 万千米的速度冲向金牛星座。

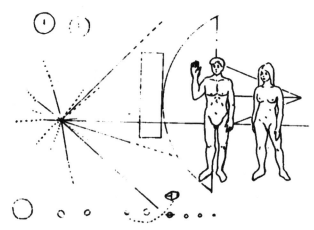

"先驱者十号"携带的"太空信"

　　然而，目前这样艰巨的任务，还只能让无所畏惧的探测器来承担，除月球外，人类宇航员还未曾在与地球相邻的金星和火星上着陆。宇宙的远方还是一个人类未征服的禁区。但是，科学技术永远在前进，人的智慧和力量也在不断地加强，开辟了"航天时代"的先驱者们决不会惧怕任何困难，征服宇宙只是个时间的问题。美国物理学家、"火箭之父"戈达德教授说过一句名言：很难说有什么办不到的事情，因为昨天的梦想，可以是今天的希望，而且还可以是明天的现实。

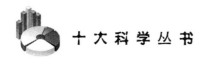

八、原子弹及核电站

　　两千多年以前的科学家，并不像我们今天所想象的那么"纯洁"，他们中有些是炼金术士，这些人一直梦想将诸如铝或汞之类的普通金属变成黄金。他们认为，只要能够"正确地"把一些物质混合起来，点石成金是能够达到的。但不幸的是，无论他们怎么祷告，使用什么"魔法"，都没有找到点石成金的秘诀。

　　不管怎样，今天的科学家确实找到了点石成金的办法。1914 年，美国一位科学家用原子轰击器，由汞原子制造出了几万个金原子，两千年的梦想变成了现实。其中成功的奥秘，不是因为发明了炼金术士所梦寐以求的某种"神秘的混合"，而是因为将构成原子的主要部件——质子、中子和电子重新排列而得到的。尽管制造几百万个金原子的代价远比从地下挖黄金的代价要高得多，但重要的是，科学家踏上了研究从原子核中吸取能源的道路，原子能的威力可大了，它的力量是可以移山倒海的。

1. 具大能量的储存库

　　我们知道，任何物质都是由微小的分子构成的，分子又是由比它更小的原子构成的。19 世纪以前，人们都认为原子是最后不能再分割的粒子了，可 19 世纪末，物理学研究出现了新的进展，科学家发现原子是由带正电的原子核和绕核运动的带负电的电子构成的，原子的质量几乎全部集中在原子核上。于是，人们就展开了对原子核和电子的研究。

科学家发现，利用加速器产生的高能粒子作"炮弹"去轰击原子核，每个打中目标的"炮弹"引起原子核变化所产生的能量，可以比炮弹本身的能量大一百多倍。但是，由于原子核体积很小，而且具有核电作用，一万多发"炮弹"中只有一发能够打中目标，因此，从能量利用的角度来看，这种办法是得不偿失的。

1932 年，科学家发现原子内部还包含有一种不带电的粒子——中子，它不受原子核周围电子和核本身的核电影响，不要很高能量就能够打入原子核，引起核反应。但问题是中子来源困难，用高能粒子轰击普通原子核，只能得到少量中子，同样是不合算的。原子核里虽然蕴藏巨大能量，但由于种种困难，人们还没有找到大规模利用核能的途径。许多科学家，包括英国著名物理学家卢瑟福在内，都不相信人们可以利用原子能，他们认为，人类研究原子越深入，那么就会离它的应用就越远。

2. 新能源的拓荒者

美国芝加哥大学的校园里，有一座废弃不用的运动场，在运动场西看台的前面外墙上，挂着一块镂花金属匾，上面用英文写着：

"1942 年 12 月 2 日，人类在此实现了第一次自持链式反应，从而开始了受控的核能释放。"

这是原子时代的出生证。

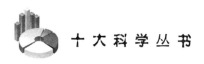

人类制成的第一座原子反应堆，是在这个运动场看台下面的网球场中建造起来的。在这里，科学家们第一次看到物质按照人类的意志而稳定地产生出原子核内能量，费米就是这群科学家的领导人。

上述文字是费米的夫人劳拉，在《原子在我家》一书中写下的序言。在新能源的拓荒者中，首先要提到的就是意大利物理学家恩里科·费米，他参加并主持了第一座原子反应堆的设计、建造和试验工作，在原子能理论及实践方面取得了卓越的成就。

费米出生在意大利罗马一个铁路职员的家里。在费米开始懂得知识的年代，正是物理学从"经典"进入现代的岁月。17 岁时，费米决心报考比萨大学的高等师范学院物理系。这是意大利一所著名的高级研究人才的摇篮，学费可以免缴，但必须通过竞争性极强的严格考试。费米在指定的应试论文《声音的特性》一开头，便应用了微分方程，这使比萨大学的主考教师万分惊讶，费米自然顺利地通过了考试。21 岁那年，费米荣获比萨大学的博士学位，成为意大利物理学界最年轻的物理学博士。

在 20 世纪的前 20 年，人们在谈论现代物理学时，几乎忘记了意大利。那些令人眼花缭乱的物理学的最新发现，没有一项与意大利沾边，意大利发明家马可尼发明无线电时，还是在英伦三岛上完成的，物理学史上的"伽利略——比萨时代"早已成为过去。曾经产生过布鲁诺、伽利略、托里拆利等科学大师的意大利，真的落后了吗？在罗马科学界，颇具民族抱负的物理学家正在思考着"意大利物理学的复兴"。当时，人们都认准费米，把他看成是意大利物理学复兴的最大希望。

1934 年，居里夫人的女婿和女儿、法国物理学家约里奥·居里夫妇宣布，他们用 α 粒子轰击铝硼的时候，这些原子变成了另一种原子。这是近 13 年来关于人工实现核反应的第一次突破。但他们发现，用 α 粒子为"炮弹"，可以轰击一些轻元素，而对重元素就无效了。这一发现轰动了整个物理学界，绝大多数人都认为是"轰击"的方式不对，而费米则敏锐地提出是"炮弹"的问题。费米用中子作炮弹，打碎了所有元素的原子核。

费米和助手按照元素周期表的顺序，从氢开始，用中子去轰击，当轰击到当时元素周期表的最后一个元素，原子序数是 92 的铀时，他们发现了"铀核裂变"，铀核破碎变成了新物质。尽管费米和其助手发现了科学的奇异现象，但他们是物理学家，而不是化学家，他们听信了当时化学家的普遍看法，以为他们发现了第 93 号元素。

其实，费米他们得到的并非是什么"第 93 号元素"，而是铀核被打碎成了两半。由于他们还没有认识到在这个实验中可能引起了铀的裂变，也就没有继续深入研究下去。

在费米发现用中子轰击铀可能产生超铀元素以后，在巴黎的约里奥·居里夫妇和在柏林的哈恩、梅特纳都认真研究了这个问题。梅特纳是著名犹太女科学家。1938 年，德国种族法令波及到她身上，当时，哈恩和普朗克曾经亲自到希特勒面前替她求情，但是无济于事。梅特纳在被迫离开研究所以后，悄悄地逃离了德国。

1938 年秋天，哈恩和斯特拉斯曼受约里奥·居里发现中子轰击铀的产物中有类似镧的实验的启发，精确分析了中子轰击铀以后的产物，发现有钡存在，钡的原子量大约是铀的一半，这说明铀原子核在中子轰击下分裂成两半。哈恩把这个实验情况写信告诉了梅特纳，和她讨论这个问题。梅特纳立刻从数学上进行分析，她将这一现象称为"核裂变"。她把当时铀裂变的产物加在一起，发现裂变后的总质量比裂变前的铀质量要小，就是说铀的一些质量"消失"了。梅特纳根据爱因斯坦相对论的质能关系式，认为"消失"的质量转变成了能量，每裂变一个原子可以放出大约两亿电子伏特的能量。梅特纳把对裂变的科学分析发表在 1939 年 2 月的英国《自然》杂志上。

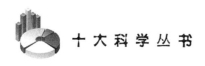

裂变反应的发现震惊了科学界，因为它说明铀分裂的时候可以放出两个中子，而这两个中子又可能引起两个铀核分裂，这样就能够从一个铀核裂变引起 2、4、8、16……个铀核裂变。这是链反应，它将释放出无比巨大的能量。铀裂变的发现，找到了释放原子能的途径，即通过链反应，不断供给核分裂所需的大量中子。

3．向现实迈进

原子核发生裂变会放出极大的能量，每个原子核都是一个能量贮存库，关键是怎样打开能源宝库的大门。费米和助手们发现的"铀核裂变"，为打开原子能的宝库提供了一把"钥匙"。

起初，这把"钥匙"并不十分顺手，经常发生卡壳的现象，费米和他的助手要完善这把"钥匙"。有一次，费米的两名助手发现了一种奇怪的现象，这两位年轻人想用中子源辐射银，他们做了一个银质圆筒，然后将中子源放入圆筒内，再将圆筒放在一个铅盒里。他们经过精确的计量发现：将圆筒放在铅盒的不同位置，产生裂变的强弱是不同的。他们赶紧去请教费米老师。

"这种异常是不是统计的错误和测量的不精确造成的呢？"助手问道。

"这也许是一个重要的发现。"费米思考了一会儿，又谨慎地建议道，"让我们多做一些各种情况的试验，再看看。"

经过一连几天的试验，费米他们又发现了更多的怪现象。当将中子源放到圆筒外面，在圆筒和中子源之间放置一块铅极时，反应更加剧烈。当时，费米他们使用自制的盖革计数器来测量核反应的强弱，铅竟然会影响核反应的强弱，费米又陷入了沉思："铅是一种重物质，可以影响裂变，那么换成轻物质会怎么样呢？对，试试轻物质吧！"

费米找来一大块石蜡，在上面挖了一个洞，将中子源放到洞里，再用它来辐射银圆筒，然后拿着一个盖革计数器去测量反应产生的放射性强度。"咔，咔"，计数器像发了疯似的响起来。人们怎么也没有想到，石蜡竟使核反应强度提高了几百倍。

人们又兴奋又惊讶，七嘴八舌地议论道："真是不可思议！实在让人难以想象！简直是见鬼了！"午饭的时间到了，人们不情愿地散开了，费米独自坐在实验室里，头脑还在思考着刚才的实验结果。终于，费米从中悟出了一个道理，石蜡中的氢核使中子速度减慢，这样原子核更容易俘获中子，而发生裂变。因此，使反应速度骤然加快的直接原因，是氢核的缓速作用。

费米激动地向助手们讲述了自己的推断，最后坚定地说："可以肯定，任何其他含氢原子较多的物质，比如水，都应该产生同石蜡同样的效果！"

当天下午，大家一起动手，把中子源、计数器和银圆盘从楼里搬到喷水池。实验结果完全证实了费米的预见：水也会使中子减慢速度而使银的放射性增强。人们狂呼起来，这一切意味着原子物理又向前跨进了一大步。它证明普通中子（快中子）进行核反应时产生的威力不大，而用慢中子却可以激活百倍以上。由于发现慢中子效应，费米获得了1938年的诺贝尔物理奖。

费米对铀核裂变及慢中子效应的两个重要发现，奠定了他后来设计第一座原子反应堆的部分理论基础。当时费米已经把钥匙插进了原子能开发的大门，只需转动一下，大门就会打开了。然而，由于费米的妻子是犹太人，意大利法西斯的反犹太法令，使他全家无法在意大利生活，1938年冬天，费米一家利用到斯德哥尔摩接受诺贝尔奖的机会，踏上了美国的海岸。在美国，费米为原子能的利用又做出了更为重要的贡献，在那一段惊心动魄的岁月里，原子能的研究终于走出实验室，开始了"真刀真枪"地实战阶段。然而不幸的是，在当时的历史条件下，由于法西斯侵略战争的紧迫，这项重要的科学发现没有为人类开辟新能源造福，却导致破坏威力巨大的原子弹的诞生。

4. 曼哈顿计划

裂变反应正好是在第二次世界大战的导火线已经点燃的时刻发现的。当时的人们都有一种紧迫感，甚至恐慌感。很显然，核裂变最初是在德国被发现的，德国人很可能利用原子能制造出某种爆炸物，这对于像费米那样的一些刚刚逃离法西斯魔爪的科学家来说，更是忧心忡忡。1939年春天，费米决定去拜访美国海军部，报告关于核裂变的研究情况，可是没有引起海军部门的重视。

1939年夏天，移居美国的匈牙利物理学家西拉德等人得知德国科学家开始讨论利用原子能和禁止它占领的捷克斯洛伐克出口铀矿石的消息，他们非常担忧，开始研究怎样促使美国政府注意德国可能研制成原子弹的问题。同年7月，西拉德拜访了大科学家爱因斯坦，希望凭借他的名声给罗斯福总统写信，敦促美国政府马上研制核武器，赶在希特勒之前。8月，几位在美国的科学家，由爱因斯坦签名，写信给罗斯福总统，陈述了铀裂变有可能被用来制造出威力空前的炸弹的问题，并特别提到了纳粹德国正在进行的工作，敦促罗斯福做出研制核武器的计划。

专家们的建议终于说服了罗斯福总统。1941年12月，罗斯福总统正式批准了全力以赴研制原子弹的计划，为了保密就将该计划起名为"曼哈顿工程"。曼哈顿工程是自然科学和工程技术史上的一次创举。它从1941年至1945年，历时5年，共动员了50万人，15万名科学家和工程师，耗资20亿美元，用电占全美国电力的三分之一。曼哈顿计划是人类有史以来第一次大兵团作战，集体攻克难关的先例，由此总结的经验对后来人造卫星、登月计划等大科学项目有很大的帮助。这项工程计划严密而周全，实施坚决果断，尤其突出的是高度严格的保密工作令人叹为观止。如此大规模的曼哈顿工程计划，连美国副总统杜鲁门也毫无所知，直到1945年4月罗斯福总统去世，杜鲁门接替总统职位时，他才获悉此项工程的内幕。

5. 制造原子弹的内幕

研制原子弹，好像一支前途未卜的远航舰队，指挥这支舰队的是一名能干的指挥者格罗夫斯。格罗夫斯并不是科学家，而是一名军官，但曼哈顿工程不是纯科学研究，而是科学、技术、生产、军事及管理等多方面的综合。在这种情况下，组织、协调、决策能力就显得极为重要了。在开始研制原子弹时，除了哈恩、斯特拉斯曼和梅特纳等人的论文，表明用慢中子轰击铀-235，进行裂变反应，可以得到巨大的能量外，人们对于原子弹怎样获得爆炸用的核燃料，怎样引爆，以及很多技术细节都一无所知。这给研制原子弹的科学家带来了极大困难。

曼哈顿计划大致有三方面内容：一是生产钚，二是生产浓缩铀-235，三是研制炸弹。为了制造原子弹，首先要有足够的纯净铀。1940年，全美国只有40克纯铀，而且人们还没找到提取纯铀的方法。为此，美国衣阿华大学斯佩丁领导的研究小组，用离子树脂交换法提炼纯铀，到1942年他们已分离出纯铀2吨。为了实现铀核裂变链式反应，还必须把铀的两种同位素分离开，用铀-235作原子弹的核燃料，因为铀-238不能实现链式反应，但天然铀中，铀-235只占0.7%，铀-238占

99.3％，即 140 个铀原子中只有 1 个铀-235，而且两种同位素化学性质相同，彼此很难分离。为此，劳伦斯领导的加利福尼亚实验室与几家公司用电磁分离法，尤里领导的哥伦比亚大学实验室和几家公司用扩散方法分别完成了分离浓缩铀-235 的任务，并于 1945 年 7 月制造出足够一颗原子弹用的铀-235 燃料，保证了曼哈顿工程计划的圆满完成。

其实当时德国有关原子核裂变的研究水平也相当高，与美国不相上下，但是，由于分离铀-235 需要极大的工厂和资金，而德国战时因材料匮乏，根本做不到这点，在战争结束的时候也只停留在实验室阶段。战后发现的事实说明，在研制原子弹问题上，美国对德国估计过高。美国认为这是一场关系到生死存亡的竞赛，开足马力全速前进，而实际上德国没有参加这场竞赛，或者说德国旁若无人地慢悠悠地前进。

分离铀-235 的困难，使科学家们开始另辟蹊径。他们发现，铀-238 吸收中子后可以变成钚-239，用慢中子去轰击钚-239 也可以产生核裂变，而且反应速度比用铀-235 还要快得多。于是，曼哈顿工程还包括以铀-238 为原料生产钚-239 的工作。工程指挥者在生产钚的两种方案中，选择了费米主张的用石墨型反应堆生产的方案。为了取得设计大型反应堆的数据，在费米领导下，工程技术人员在芝加哥大学的体育场上建成了世界上第一个实验型原子反应堆，并且很快开始投入正常运转。由于这个反应堆一年只能生产 2 毫克的钚，后来杜邦公司建立了三座大型反应堆，1945 年 7 月，终于生产出 60 千克钚-239，为制造原子弹奠定了可靠的核燃料基础。

有了足够的铀-235 和钚-239，就可以制造原子弹了。只要将浓缩铀或钚分成许多小块，使每小块低于临界质量，就可以安全存放。在炸弹引爆装置起爆的瞬间，迅速将这些小块堆挤到一起，使其总质量超过临界质量，这种不受控制的核裂变链式反应在千分之一秒内即告完成，形成猛烈的爆炸，造成极大的杀伤和破坏力。原子弹的实际制造，是在后来被誉为"原子弹之父"的科学家奥本海默的领导下，于1943年末完成的，1945年7月16日，第一颗原子弹试验成功。这次试验的成功，真正使核裂变炸弹运用在军事战争上成为现实。

此时，第二次世界大战即将结束，德国法西斯早已被摧毁，对日本作战也接近尾声。当时美国几十名物理学家联名向美国政府写了请愿书，要求不要使用原子弹；有些科学家建议将原子弹投掷到某个无人居住的海岛上，向日本参谋部的专家显示一下威力就行了。但是，为了迫使日本尽快无条件投降，美国政府没有听这些建议，1945年8月6日和9日，两颗原子弹先后投在日本的广岛和长崎，数十万无辜的日本居民，死于原子弹爆炸的巨大灾难中，成为科学发展的牺牲品。这是20世纪科学家发展科学却又掌握不了科学的悲惨结局之一。

由于原子弹的巨大破坏力，使它成了冷战时期的重要战略武器，各

费米和他的同事建造世界上第一座原子反应堆

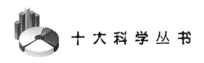

国竞相研制。继美国之后，1949 年，苏联爆炸了一颗威力比美国投掷广岛的原子弹大 5 倍的核弹，首次打破了美国的核垄断，同时使美苏核武器竞赛拉开帷幕。1964 年，我国继美、苏、英、法之后，也成功地爆炸了第一颗原子弹，同时声明，任何时候任何情况下决不首先使用核武器，并为世界最后全部、彻底、干净地消灭核武器而努力。1985 年，联合国公布的材料表明，目前全世界共有核弹头 5 万多个，爆炸当量约为 150 亿吨梯恩梯炸药，其中美国和苏联占 70%，按世界人口平均，每人均受到相当于 3 吨梯恩梯炸药的核威胁，无怪乎有人把原子弹称为"毁灭地球的发明"，此言正中要害。

5. 热核聚变与氢弹

1915 年，美国化学家哈金斯提出，氢原子聚变为氦原子的过程，其质量的 0.5% 转变为能量。其具体原理是：在数百万度高温条件下，氢原子核会具有很高的能量，足以使两个质子结合在一起，发射出一个正电子和一个中微子，变成氘核。然后，这个氘核再同一个质子熔合，形成一个氚核。这个氚核可以再和一个质子熔合而形成氦﹣4。但是，这种氢原子核聚变生成氦原子核的反应必须在极高温度的激发下才能发生，当时，在地球上还没有得到数百万度高温的办法。人们认为，只有恒星的中心才有引发这种氢核聚变所必需的高温条件。

1945 年，原子弹爆炸成功，使人们寻找到产生数百万度高温的途径，使核聚变的引发变成了可能。具体讲，就是把铀核裂变原子弹作为能量足够大的雷管，通过原子弹爆炸产生的高温引发氢聚变为氦的链式反应。但是人们又怀疑这种方式能否用于制造炸弹，首先是氢燃料氘和氚的混合物，必须压缩成高密度状态，就是把它液化成液体，并保持在接近绝对零度的低温贮存器中。也就是说，氢弹必须是一个巨大的致冷器。还有一个问题，即使能够制造出威力比原子弹还大的氢弹，它有什么用呢？原子弹的破坏力已够大的了，人们难道还嫌它小吗？

从1942年起，美国就有人产生了用原子弹引爆氢弹的设想，由于支持研制氢弹和反对研制氢弹的意见长期激烈争论，一直相持不下，1949年，苏联成功地爆炸了原子弹，使美国震惊不小，因为美国从此失去了原子弹的垄断地位。于是，1950年，美国总统杜鲁门最后决定研制氢弹。1951年5月，美国制成了以原子弹为点火装置的氢弹，但没有立即进行试验。直到1952年11月才在爱纽维特克进行首次氢弹试验。试验成功了，而所有不祥的预言也都应验了：其爆炸威力相当于12兆吨梯恩梯炸药，比美国投在广岛那颗原子弹大500倍；爆炸产生的巨大火球直径达6000米；这次爆炸把这个小珊瑚岛一扫而光，而且在海底炸出一个直径1600米、深50米的弹坑。

苏联不甘落后，1953年8月也成功地进行了热核爆炸，这颗氢弹重量不大，可以用飞机运载，其战略意义是相当大的。因为这种氢弹是用氘化锂等轻核燃料做成的"干"的氢弹，不再需庞大的致冷机械保持氘和氚为液态，这在与美国的核武器竞赛中，显然处于优势地位。

这以后，苏联声称已经能够生产1亿吨级的氢弹，用这样的一颗氢弹投到哪里，哪里都能炸出一个直径30千米的弹坑，使方圆60千米之内顿时形成一片火海。胆小的人听了这些话恐怕会不寒而栗。

我国自1964年10月爆炸第一颗原子弹成功以后，氢弹研制工作也加快了。1967年6月，我国成功地爆炸了第一颗氢弹，巨大的蘑菇云又一次冲消了美国和苏联核垄断的梦幻。

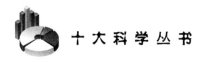
6. 为人类造福的原子能

难道原子核内所贮藏的巨大能量，只能用来制造毁灭性的武器吗？可不可以用于和平目的呢？美国向日本广岛和长崎投下的两颗原子弹，虽然迫使了日本迅速无条件投降，但却杀伤了数十万人，他们几乎都是无辜的平民百姓，因此也引起了全世界人民的强烈反应，更多的人开始觉醒，反对使用原子武器的正义呼声日益高涨。

当初，爱因斯坦、西拉德等科学家建议美国研制原子弹，是为了避免纳粹德国抢先生产和使用原子弹给人类造成无穷的灾难。可是，到1945 年初，他们确知德国根本没有研制原子弹时，便又转而担心美国使用原子弹去轰炸别的国家。他们多次呼吁，希望唤起科学家的社会责任感，努力为争取世界和平、社会进步和人类福利而研究科学技术。

第二次世界大战之后，人们终于看到了原子能被和平利用的曙光。美国、德国和苏联在研制原子弹的过程中，都先后建立了原子能反应堆，这实际上为和平利用原子能开辟了道路。在反应堆里，通过控制裂变材料的纯度、临界体积和中子吸收材料等办法，可以减缓和控制链式反应发生的速度，使它不发生爆炸。利用可以控制的裂变反应过程放出的热量来发电，就是原子能电站。

1954 年 6 月，苏联在奥布宁斯克建成了世界上第一座原子能发电站，它只有 5000 千瓦的发电功率，虽然这一功率并不很大，但它揭开了人类和平利用原子能的新纪元。

虽然从经济角度看，核电是一种廉价的能源；从理论上看，原子能发电也是可行的，并实际已做到了，但是它的发展却十分缓慢。在 20世纪 70 年代以前，只有少数发达国家有原子能电站，而且发电能力不

到这些国家总电力的 5％。原子能发电进展不快，主要有两方面原因：一方面，它存在许多技术和经济问题，比如放射性废物的处理和反应堆投资过高；另一方面，那时世界市场上有大量廉价的石油，所以人们对原子能发电的要求并不迫切。

20 世纪 70 年代中期，情况发生了变化，一是由于石油危机推动了寻找新能源，一是原子能发电的技术和经济问题。由于不断改进而基本得到解决，大功率核电站技术已经成熟，其发电成本已经比一般的火力发电低 30％左右。普通火力发电站仅燃料煤的运输和贮存就要花费不少的资金，而核电站的燃料用量少、体积小、重量轻，贮存和运输都相当方便。正因为如此，核电站可以建造在运动的装置上，如核电驱动的舰船、潜艇等。

从燃料资源来看，核电站所用的燃料——铀，在地壳里是一种相当普遍的元素，平均每吨岩石中有 2 克铀，比黄金多几百倍，只是太分散而已，现已勘察有开采价值的铀矿储量几百万吨。海洋中含铀更多，有数十亿吨，从海水中提取铀的方法业已研究出来。

从环境保护角度看，核电是一种最干净的能源。普通火力发电厂以煤为燃料，煤在燃烧过程中生成大量的二氧化碳，这就加剧了地球的"温室效应"；石油燃烧时，除了放出二氧化碳，还有氧化氮和二氧化硫等有害气体，不仅严重污染空气，还会造成酸雨。核电站利用核反应堆释放的热能，使水变成高温蒸汽，推动蒸汽轮机旋转，从而带动发电机发电。核电站反应堆使用的燃料铀，裂变的最终产物是钡和氪，这一过程几乎不产生任何有害气体和烟尘。

既然原子能爆炸的威力那么大，核电站会不会爆炸呢？核电站的反应堆与原子弹不同，反应堆的中心部分是活性区，它由燃料棒、减速剂、冷却剂和控制棒组成。减速剂的作用是使核裂变产生的快中子能量减少而变成慢中子；冷却剂的作用是保持反应堆内的温度不致过高，以

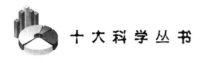

免烧坏或造成熔堆事故，同时把核裂变释放的热能输送出去；控制棒能吸收中子，使核裂变速度放慢，甚至完全停止，这就像管道阀门控制气体和液体流量一样，因此，正常运转的核电站不会爆炸。

反应堆活性区外还包着石墨反射层，再外面是水和水泥制做的保护层，还有其他安全保护装置和自动报警、自动控制等装置。这就是核电站防止核泄漏和爆炸事故的安全措施。虽然核电站也不时发生各种事故，有时是严重的事故，例如，1979 年美国三里岛核电站的泄漏和1986 年苏联切尔诺贝利核电站的爆炸等。但是，事故使人们接受了经验教训，变得更聪明、更科学，使核电站技术更成熟、运行更安全可靠了。

到 20 世纪 80 年代中期，全世界有 30 个国家的 400 余座核电站运行发电，装机总容量达 2.5 亿多千瓦，仅日本就有 23 座核电站在运行，我国也于 1991 年在秦山建成了第一座核电站。据专家们估计，今后核电在能源中的比重会越来越大，它是一种最有前途的能源。

人们已经成功地控制了核裂变所释放的能量为人类造福，那么，人们能否控制热核聚变反应所释放的更加巨大的能量呢？从氢弹的发明中可以看出，热核聚变不但放出的能量比裂变大得多，而且具有裂变无法比拟的优越性。比如热核聚变没有处理裂变产生的放射性废物的问题；又如热核聚变所需要的氘和氚比裂变材料丰富得多，光是从海水中提取的氘和氚就足够人类使用 100 亿年之久。正因为这样，人们自然希望能够利用聚变的能量发电。

这个想法很好。但是实施起来并非容易。氢弹爆炸所发生的聚变反应是由原子弹爆炸产生的高温引起的，是不受控制的链式反应。要想用在其他场合，就必须控制聚变反应。可是，什么样的反应堆能耐上亿度的高温呢？这是使科学家感到很棘手的问题，甚至一度认为是不可克服的困难，因此，到 20 世纪 50 年代末期，受控热核反应研究相对来说比较消沉，主要是寻找基本理论根据和物理实验研究工作。

经过了 10 余年的努力，科学研究取得了很大进展。1969 年，苏联的科学家发明了"托卡马克环形磁约束装置"，它是在形状类似面包圈的真空容器中，装入高温氢气（目的是使氢核与其核外电子分开，它又叫等离子体），容器外的电磁体和容器内的等离子体中流过电流，围绕等离子体产生螺旋状磁力线。磁力线将等离子体紧束成轮胎状，不与容器壁接触。这种装置可以把密度只有空气 1‰的氘在几千万度的高温下保持 0.01 秒。别看这个时间很短，但对核聚变反应来说，已经相当长了。

目前，受控热核聚变的研究正沿着磁约束和慢性约束两条途径进行，而且都取得了可喜的成果。1972 年，美国科学家柯尔斯等人提出激光聚爆的具体方案；1978 年，美国普林斯顿大学等离子体实验室用注入高能中性粒子束的方法加热等离子体，也大大提高了等离子体的温度，这使很多研究者受到极大的鼓舞，它说明受控热核聚变点火温度已不再是可望而不可即的了。

实现核聚变发电，还要经历漫长的道路。据一位日本专家估计，人类要达到实际应用的水平，最快也要到 2020 年以后。

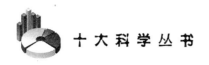

九、人造材料

传说，耶路撒冷教堂竣工时，所罗门国王设宴邀请所有参加这座宏伟工程建筑的工匠。宴会上，国王问大家："谁是最主要的建筑者？究竟谁为建设这座奇妙的教堂出力最多？"

石匠首先站起来说："那还用说，教堂是我们用双手一砖砖地砌成的。"木匠搭话道："不错，教堂是用石头和砖砌成的，但这些光秃秃的墙，若不是我们用红木和雪松加以装饰，能好看吗？"挖土匠马上打断他，嚷道："如果我们不挖地基，只要一阵风，墙壁连同它的装饰品就会像纸牌搭的房子一样，见风就得散架子。"

国王不愧为英明君主，他问大家："你们的工具是谁造的？"大家异口同声地回答："当然是铁匠。"于是，国王走到站在角落里的铁匠面前，请他坐在自己身旁的锦缎席上，大声宣布："这才是教堂的主要建筑者。"

这段传说大约流传了3000多年，我们无法担保确有其事，但这个传说反映出一个道理，即掌握了金属材料并使之服务于人的铁匠，自古以来就受到人们的重视和尊敬。

1. 人造材料的开端

　　人要想在自然界中生存，就必须进行物质生产劳动，劳动不能离开工具，有工具就要有制造工具的材料。人类的祖先最早使用的是石头、木材、矿物之类的天然状态的材料，这些材料有许多缺点，大大制约了人们的劳动生产效率。而人造材料，特别是金属材料的发明，才真正使人类的文明大大前进了一步。当人类在自然界中发现了纯金属并用来制作工具时，人类就告别了石器时代而进入金属时代。稍后，人们又学会了冶炼、锻造和铸造金属，金属工具就更为普及，应用范围也就更广了。

　　有一位伟人这样划分人类历史：石器时代属于人类的野蛮时代，而青铜时代以及铁器时代的出现，人类才进入了文明时代。他说："野蛮时代是学会经营畜牧业和农业的时期，是学会靠人类的活动来增加天然产物生产的方法的时期。文明时代是学会对天然产物进一步加工的时期，是真正的工业和艺术产生的时期。"

　　凡是学过初中化学的人都知道，有一个金属活动顺序表。这个表以元素氢为界限，排在氢前面的元素，化学性质都比较活泼；而排在氢后面的元素都不太活泼，它们大多是像金、银一类的贵金属。氢后面的第一个元素是铜，铜的化学性质不算活泼，因而自然界中偶而也有以单质状态存在的铜，而活泼性较强的铁和铅，在自然界中都是以氧化物或其他化合物的状态出现的。别小看铜、金、银等金属的性质不活泼，它们可是人类最早接触和使用的金属。说到这段历史，还有许许多多有趣的故事呢！

　　在新石器时代，宝石的交易开始活跃起来，人们为了搜寻珍异宝石

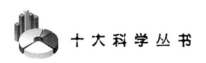

而四处探勘，有关岩石的知识也因而积累起来。人们在注意到紫水晶、蓝宝石、青宝石等宝石的同时，也注意到耀眼夺目的金、银、铜，它们不像石料那样易劈裂，具有柔软和易于加工的优点。于是人们就把这些金属敲击成形，打造成装饰品和小器皿。但在这个时期，金属具有的特性还未被认识到，人们都将它们看成是特殊的宝石而不是金属。

当时的金属加工只是用石块敲击使天然铜变成需要的形状，这叫冷锻，还不是冶炼。人类突破利用金属的第一道障碍，就是发明了冶炼的办法从铜矿中提取金属铜。那么这种办法是怎么想到的呢？我们现代人很难说清，只能有一些猜测。

一种猜测认为，古代埃及人很早以前，无论男女，都涂上一层眼影。这样做一是为了避邪，二是为了避免苍蝇之类的飞虫在眼睛周围飞动。这种眼影是把一种叫孔雀石的铜矿研成粉末而制成的。一次，一个埃及人不小心把孔雀石掉进火里，结果孔雀石起了变化，化为闪闪发亮的铜球。通过这一暗示，人们就发现了从矿石中取铜的办法。还有一种猜测认为，有人在铜矿露出地面的地方生火做饭时，偶然从灰渣中发现了铜，于是知道了通过高温加热可以取铜。总之，可以设想，只有当人们有了长期使用火，特别是积累了制陶的丰富经验以后，铜冶炼方法才会应运而生。

冶铜可不是件容易的事，因为铜在 1084℃ 才熔化。人们早期以吹火筒，后来以风箱做增高温度的鼓风具。一旦能够从铜矿中提炼出铜，铜的产量便急速增加，并出现了形形色色的铜制品。铜炼出来后，锡、铅等金属也炼出来了，金属时代从这时才算真正开始。

不久，又出现了一种划时代的技术——铸造技术。人们可以将熔融的铜倒入石制的铸模中，使它冷却成形，这样就可以大量造出标准化的制品了。同时制品也可以多次还原，旧的制品也可能翻成新的制品。

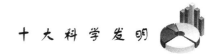

2. 青铜时代到来

　　天然铜又叫做红铜，它的硬度很低，还不如石头坚利，产量又很少，所以仍然难于取代石器成为人们主要的生产工具。人类的这一时期是金石并用的，通常被称为金石并用时代。铜里掺入锡或铅炼出来的合金叫做青铜，由于它是以铜为主，颜色发青，所以得名。能制造青铜的确是人类又一项了不起的创举，因为青铜的熔点一般都比纯金属要低，如果纯铜中加入 25％的锡，只要加热到 800℃就能熔化，而青铜的硬度却比纯铜高两倍以上，适于用做工具。

　　制造青铜的方法被发明后，很快就获得了广泛的应用与推广。在印度、埃及的古墓中都曾发现过刀、锯、斧等青铜制品。青铜的出现标志着人类冶炼技术的开端，它反映了人类在更深刻的层次上利用自然力和自然产品。青铜中锡金属的含量因制品的不同，比例也稍有差别，究竟加多少合适，这就需要人们不断去摸索、实验，这些实验在中世纪时则演变成了炼金术士的活动。古代的炼金术虽然在思想上妨碍了科学技术的发展，却也积累了许多化学和冶金学方面的知识。

　　铜在自然界中的蕴藏量相对讲还是比较少的，而锡和铅的蕴藏量就更少了，所以青铜时代的铜器制品大多是些宫廷和贵族的用品，青铜工具、农具还比较少见。那个时代人们把铜叫做"金"，皇帝或贵族用来赏赐臣民的财富往往就是"金"，而真正的金子叫做黄金，银子叫做白金。所以现在出土的古代青铜制品大都是皇帝贵族的用品。比如，1974年 9 月，我国郑州南寨南街出土了两件商代中期的大铜鼎。其中一件重84.5 千克，另一件重 62.5 千克。经化学分析，大鼎是用含 17％的铅和3.5％的锡的青铜铸成的。它的造型大方，制作精致，花纹朴实，说明

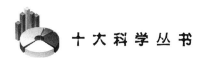

我国那时已熟练地掌握了熔炼青铜、精工制作范模和大量熔铜一次浇铸等技术。近年来我国还出土了公元前600年左右的越王勾践剑，这把青铜剑经过2600多年到现在，依然锋刃犀利，可以削断发丝。

青铜冶铸不是单个人所能完成的工作，它是一项社会性的生产。要制造铜器首先就要采矿，大量需要铜时，人们再像原来那样靠碰运气的办法偶然发现天然铜显然是不行了。于是，人们学会了找矿，找到矿后还要建设矿井，建好矿井还要把矿石采出来并进行筛选，这些都需要有技术指导和有组织地操作。采矿时还要解决井下通风、排水、提升、照明等一系列复杂问题。现代人曾在一处古矿井附近发现了当时炼铜炉旁堆积了近40万吨炉渣。算一算，这需要多少铜矿石才能炼出来！当时的冶炼技术和生产规模，已经达到了惊人的程度。

冶炼青铜还要有熔炼炉，最初的熔炼炉是用草和泥土盘成的，后来熔炼炉的炉衬改用石英砂和黏土制作，经人工选料加工成型。这种炉子能耐1300℃的高温，而炉渣的熔化温度是1100℃左右。当时能达到这样高的温度，没有鼓风设备是不行的。在红铜时代，人们只是把天然铜敲打成所需形状即可，而青铜则要冶炼后铸成所需形状，这叫做热加工。热加工的规范性很强，做出的产品更标准。今天，我们把要学习的榜样叫做模范，这模范一词的来历就是古代冶炼过程中所用的模和范。事先用木头做成的与所需物品大小形状一样的东西就叫"模"，而把模放在泥土和沙混合物中，按样做成中空的可用铜水来浇铸的模具就叫"范"，模范就是照样做的意思。把铜水浇铸到范中，冷疑后将范去掉就得到所需的物品了。

青铜时代末期，人们已掌握了从矿石中提炼金属的"熔冶"技术，将金属敲打成形的"锻造"技术，以及把熔融的金属倒入铸模制成制品的"铸造"技术，并且达到了一定水准。这是人类千百年来智慧与力量的结晶，多么值得敬佩！尽管如此，人类对人造材料的探索只是刚刚开始，依那时的水平，人们要想从铁矿中取出铁，再将铁炼成钢，仍是难事。这个难题只有留给后来的勇敢探索者去解决了。

3. 金属之王——钢铁问世

如果把金属材料比作人造材料王国里的"霸王"，那么钢铁可称之为金属材料的"太上皇"。近 100 多年来，钢铁一直是基本的结构材料，钢铁产量的高低乃是反映一个国家工业水平的主要指标之一，没有钢铁材料，人类就不会有近代大工业。

铁比黄金还贵

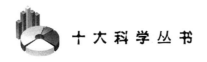

　　铁与人类的文明史有着密切的关系。在古代的某些国家，铁比黄金还要贵，只有贵族的头面人物才能用铁制品装饰自己，并且还常常把铁嵌镶在由黄金制成的框里。在古罗马，贵族甚至用铁制造订婚戒指。18世纪著名的航海家詹姆斯·库克曾这样讲述玻利尼西亚群岛的居民对待铁的态度："……什么东西也未像铁那样能把这些人吸引到我们身边。铁对他们始终是最期望得到的和最珍贵的商品。"有一次，他手下的水手们竟用一根生锈的铁钉换了一头猪。还有一次，岛上的居民为了得到一些早已用旧的小刀，给了水手们足够吃上好几天的鱼。

　　在遥远的古代，人们得到的第一块铁看来不是地上产的，而是来自宇宙空间。铁在古代苏美尔语言中叫做"安巴尔"，意思是"天降之火"，所谓天降之火就是指陨石。而埃及人干脆把铁叫做"天石"。那些落在地上的铁陨石里含的铁，足以使人感到铁的珍贵和神秘。在当时的条件下，人们还很难对陨铁进行加工和利用，用陨铁做成的工具极少，它对人类生产活动几乎没有产生影响，然而通过对铁陨石的利用，人们毕竟对铁有了初步的认识。

　　铁的熔冶之所以困难，是因为铁的熔点很高，可达 1538℃，比青铜或天然铜等金属的熔点高得多。铁在自然界中又总是以化合物——铁矿石的形态存在，所以人类认识和利用铁，比起利用铜来要困难。尽管如此，世界上许多民族先后都掌握了冶铁技术。居住在亚美尼亚山地的基兹温达部落在公元前 2000 年就发明了一种有效的炼铁方法，后来逐渐传开。小亚细亚的赫梯人在公元前 1400 年左右也掌握了冶铁技术。希腊和土耳其一带的亚述人，于公元前 1300 年时也较早地进入了铁器时代。我国进入铁器时代的时间要稍晚些，但发展较快，在春秋战国时期铁制工具就已大量使用了。

　　铁又分为生铁和熟铁两种，包括钢在内，它们都是铁和碳的合金。一般我们把含碳量小于 0.05％的铁碳合金叫熟铁，含碳量在 0.05％～

2%之间的叫钢，含碳量在 2%～6.67%之间的叫生铁。

由于铁矿石的熔化温度很高，早期人的炼铁炉难以达到那么高的温度。那时炼出的铁是矿石由木炭还原直接得到的，呈类似蜂窝状的块状，里面有很多气孔，又含有大量的非金属夹杂物。这样的铁由于没有达到熔点，炼成后它不能自动地从炉中流出来的。人们只有打碎炉膛，才能把铁块拿出来。而且这样的铁不能直接拿来做用器，必须经过锻打，尽量将铁中的气泡排除。所以早期炼铁的人是不能生产铸铁的。

这种低效率、低质量的原始炼铁方法，欧洲人一直用到公元 14 世纪，而我国在公元前 2 世纪时就已经能够生产铸铁了。可见，中国古代的冶金技术在世界上是领先的。我国生产铸铁的方法并没有什么神秘之处，主要是使用了不断向熔铁炉鼓风的技术，可使炉内温度达到 1300℃以上，使铁水熔化，然后像铸青铜制品那样浇铸成形。这种铁出炉时呈液态，夹杂的非金属杂质少，可以连续生产，质量好，效率高。这样的铁就是生铁，由于用来浇铸，因此也叫铸铁。

再后来，人们又发现生铁也有很多缺点：生铁制品虽然坚硬、耐磨，但是很脆，且难以进一步加工。此外，由于铸铁的组织疏松、晶粒粗大，内部存在缩孔、气孔等缺陷，所以，它的可塑性差，锻打时会出现裂纹。熟铁虽然延展性好，但是很软，不能制造有相当硬度要求的工具。那么，什么东西既能保持铁的优点又能克服上述缺点呢？人们经过长时间的摸索，终于找到一个具有重要意义的金属材料——钢。炼钢技术的发明就成了历史的必然。

炼钢的主要任务就是根据所炼钢种的要求，把生铁中的含碳量控制在规定的范围，并使其他元素的含量也减少或增加到规定的范围。其实，古代人很早就知道，熟铁和木炭在高温下接触能吸收碳而使铁的强度增加。我国春秋时代著名的宝剑"干将""莫邪"以及国外的"大马士革"宝剑，就是用这种办法制造的，这实际上就是一种炼钢法，常称

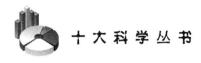
为渗碳法。到了 19 世纪中期，渗碳法有了很大的发展，成为炼制弹簧钢和工具钢的重要方法。但是渗碳钢的成分不均匀，外部含碳量比内部高很多，以后就被其他方法代替了。

我国南北朝时期，一位道士发明了冶炼灌钢的方法。这种方法是把生铁和熟铁放在一起炼成钢。由于生铁熔点低，易于熔化，生铁熔化后滴入熟铁中，把碳也渗了进去，结合在一起形成钢。这种先进的炼钢方法以后又不断发展和完善。有一句古诗是这样赞美钢的品质的："百炼方为绕指柔"。意思是说好钢既坚又柔，似软实硬，因而引申为做人的品格也应如百炼钢一样。

1740 年，又出现了一种可以熔炼液体钢的方法，叫做坩埚法。它是将生铁及废钢放入由石墨或黏土制成的坩埚内，然后放到炉子中加热，使之熔化而得到钢。坩埚钢可用以制造许多器具，尤其是制造质量

早期炼钢法的发明

较高的工具。到 20 世纪初出现电炉炼钢法以前，坩埚法炼钢一直被广泛地应用。

18 世纪初，俄国和土耳其之间爆发了俄土战争，在战争期间，有位法籍英国科学家名叫亨利·贝塞麦，他根据科学原理发明并研制出一种新式步枪。这种步枪的枪膛中装有来福螺旋线，可以使子弹沿枪膛射出时旋转飞出，以保证更稳定地沿着弹道前进。这种新式来福枪不仅射击距离增大，而且命中率也高。后来，贝塞麦又把来福螺旋线用到大炮的炮膛之中，制造出射程更大、命中率更高的新式大炮。但这种大炮用于实战后，问题却接二连三地出现。尤其是炸膛事故经常发生，炮手放炮时得冒着死亡的危险。于是，人们自然把怨恨指向它的发明者。有人说贝塞麦是个科学骗子，也有人怀疑他是隐藏在法国的间谍。这样，新式大炮被打入了冷宫。

然而贝塞麦并没有灰心，他向法国一位火炮设计专家请教，在他们两个人的共同努力下，问题的要害终于被找到了。原来，大炮是用铸铁制成的，而来福线对炮膛尺寸精度的要求很高，当弹丸与炮膛之间的间隙过大时，火药爆炸使气体漏泄，弹丸旋转力量不足，效力也不大；两者之间的间隙过小时，火药爆炸会使炮膛内的压力猛然增大，结果炮膛内外温度不匀，造成炸膛。

看来问题就出现在铸铁材料上，如果能够炼出耐高压的高韧性的铁来，新式大炮就不会出现事故了。从此，贝塞麦一头钻进图书馆，广泛搜集资料，并穿上工作服到冶炼厂，同工人们一起劳动，成了炼铁迷。他深入研究了人类冶炼钢铁的历史，经过反复探索，他终于找到了旧式铸铁不坚硬的原因，那就是其中的含碳量太高。怎样才能除去铸铁中的过量碳呢？在化学专家的帮助下，贝塞麦想到了向熔化的铁水中加氧的办法。1956 年，他终于发明了用液体生铁直接炼钢的底吹转炉炼钢法。

就在贝塞麦发明转炉炼钢法那年，从德国跑到英国来的发明家弗里

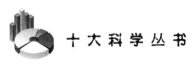

德里希·西门子提出了一个全新的炼钢设想，就是先用废气把蓄热室的耐火材料加热，再把热传给空气和燃料。他和哥哥威廉·西门子合作进行实验，但起初没有成功。后来威廉·西门子又改变了炉体结构，防止了因高温而烧坏炉体的事故，取得了技术上的突破。1856 年，法国炼钢专家马丁和他的儿子在西门子兄弟的指导下把蓄热式气体炉技术应用到炼钢上，发明了平炉炼钢法。

平炉炼钢法可以用大量废钢铁作原料，具有原料范围宽、设备能力大、品种多、质量好等优点，所以很快就发展成一种主要的炼钢方法。最早的平炉一次只能炼 1.5 吨钢，现在已超过 1000 吨。到 1900 年，平炉炼钢法在世界各国普遍推广，并迅速压倒了转炉炼钢法。直到 1955年，平炉钢产量仍占世界钢铁总产量的 80%。

随着制氧技术的发展，20 世纪 50 年代出现了一项新的炼钢技术，即氧气顶吹转炉炼钢法。这种新型炼钢法的出现，很快使平炉炼钢法相

新式炼钢法不断出现

形见绌，其最大优点是生产速度快，一座 250 吨的氧气顶吹转炉，吹炼时间仅需 40 分钟，几乎比同样容量的平炉熔炼时间缩短 10 倍。到了 60 年代，氧气顶吹转炉钢在世界钢产量中占的比例迅速增长，转炉反过来又压倒了平炉，登上炼钢法的宝座。

在平炉炼钢法发展的同时，20 世纪初还出现了电炉炼钢法。电炉用废钢作原料，它是冶炼高质量合金钢的主要方法。在它之前，无论是平炉还是转炉，都只能炼碳素钢和普通合金钢，而不能炼出高级合金钢。因为平炉和转炉的冶炼过程是一种强氧化过程，在冶炼合金时，昂贵的合金元素会被大量烧损，而在电炉中，在氧化期以后，钢水可在还原气氛下进行精炼，并可加入不同的合金料，从而得到不同类型的中合金钢和高合金钢。

20 世纪 80 年代以来，一些国家将氧气顶吹和底吹技术结合起来，研制成了顶底同时吹氧的炼钢方法，即混合吹炼法。这种方法的应用使钢的生产效率大大地提高了。

钢铁材料对人类的生存和发展以及文明的提高起着重要的作用。但是人对自然的利用和创造力是无止境的，人造材料的发展也是日新月异的。

4. 有色与稀有金属材料功不可没

钢铁又称黑色金属，世界上还存在 80 多种有色金属，在人类学会采掘、冶炼和利用钢铁材料的同时，这些有色与稀有金属材料也逐渐被认识和利用。今天，它们已是支撑现代化社会大厦的重要支柱。比如铝、铜、钛、镁、镍、铅、锌等有色金属，由于它们的性能特殊，许多领域都离不开它们，人们甚至称它们为现代工业的"骄子"。

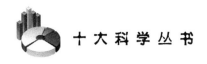

铝在某种程度上是钢的直接竞争者，它在地壳中的储量最多，差不多比铁多一倍，连最常见的泥土中，也含有大量的三氧化二铝。人们发现和冶炼铝的历史至今才一百多年，但现在铝应用和普及的速度，大大超过了钢铁。小的从铝硬币、铝丝线，大到飞机、人造卫星构件，几乎社会生产和社会生活的绝大部分领域都有铝的踪迹。特别是飞机，它重量的 70％是铝合金。国外已用全部铝和铝合金来制造汽车，这种汽车比钢制汽车重量轻三分之二。

稀有金属是指除了通常用的铁、铜、铝、锌、锡、镁、金、银等以外的金属的统称。"稀有"和"普通"是相对的，有的是因为产量少，有的是因为难提炼，以至居于"稀有"之列。目前已发现 50 多种稀有金属，主要分为"五大家族"，即轻稀有金属、难熔稀有金属、放射性稀有金属、稀散金属和稀土金属。

放射性稀有金属中的铀和钍，由于它们能够发出看不见的射线和核能，主要被用作原子弹的"炸药"和原子能发电站的"燃料"。稀散金属中的锗是一种良好的半导体材料；砷化镓是一种新型半导体；锑化铟是一种能够"看"红外线的半导体材料，被广泛用在遥感技术中。稀土金属能产生激光，目前已用它制造彩色荧光材料；在原子反应堆中，稀土金属还被用作控制和结构材料。在光电材料、磁性材料、化工催化剂及原子能等现代化最新技术领域内，都是稀土金属驰骋的战场。

5. 非金属材料的佼佼者——陶瓷后来居上

非金属材料主要是指以硅酸盐为主体的玻璃、陶瓷、水泥、石棉和耐火材料等无机材料。这之中陶瓷材料曾被世界一些权威科学家预言为将来的材料之王，它将取代统帅材料王国 900 年之久的钢铁和近几十年来崭露头角的塑料。这里所说的陶瓷可不是那种制造砂锅、茶杯之类家用器皿的普通陶瓷材料，而是一种被称为高技术的新品种人造陶瓷。

长期以来，金属材料一直占据材料王国的"霸主"地位，尤其是钢铁。然而钢铁也存在着诸如不耐腐蚀、不耐高温、不够坚硬、不能隔热等缺点。有趣的是，钢铁等金属的短处，反过来恰恰是非金属材料——陶瓷的长处。

不过陶瓷也有自己的"薄弱环节"：硬虽硬，却没有韧性，一碰就碎，一敲就断，而且毫无弯曲延展余地。因此，要让陶瓷代替钢铁，必须对陶瓷材料施行"抽筋换骨"的手术，做到扬长避短。科学家曾将砂子、淀粉和氧化钇三种原料按一定比例混合，放进温度为1400℃，充以氮气的炉子内熔烧7个小时，最后制成一种氧化硅陶瓷。这种新陶瓷能耐1500℃以上高温，韧性很好，硬度尤其惊人，只有用金刚石才能把它割断。

陶瓷材料制成后，人们把它应用到许多领域。比如，它可以替代钢铁做成发动机汽缸。汽车发动机的热效率从理论上计算可以超过60%，可惜实际上目前只有25%～30%，大量的热能白白浪费了。根据卡诺原理，热机的工作温度越高则热效率就越高。若能把汽车发动机的工作温度从900℃提高到1370℃，就能使热效率达到50%，节约燃料30%以上。然而，现在广泛使用的发动机的耐用温度为930℃左右，要想再提高工作温度非常困难。而现在的耐热陶瓷材料已经突破1350℃，所以近年来许多国家都在开发陶瓷发动机。

高技术陶瓷不仅在机械制造领域大显身手，在其他领域同样能发挥巨大的作用。例如现在有能制造集成电路塞片的高频绝缘陶瓷，制造电池的陶瓷，制造热敏、压敏、气敏、温敏、光敏元件的半导体陶瓷，制造电容器的铁电陶瓷。甚至还能将它做成人造骨、心脏瓣膜、手指和四肢的球窝关节。把它们安装进人体后，它的一部分会溶解，同时吸收体内的磷、钙质，对血液适应性强，能迅速和周围的肌肉血管神经结合在一起。

高技术陶瓷材料创造的奇迹，这里只能展现它的一小部分。作为一种未来材料之王的"万能"材料，高技术陶瓷的潜力实际上是无止境的。

6. 合成材料异军突起

合成材料主要是指合成塑料、合成纤维和合成橡胶等有机高分子材料。所谓高分子材料，是指分子量很大的化合物，一般分子量可达几万至几十万，有的上千万。高分子材料又分为天然的和合成的两种。蛋白质、淀粉、纤维素等化合物是自然界里生长的，所以叫做天然高分子材料。塑料、合成纤维、合成橡胶等高分子材料，是人们以农副产品、煤、煤焦油、天然气和石油化工副产品等为主要原料，经过一系列化学反应和工艺而创造、合成出来的，所以叫做合成高分子材料。

塑料是以合成树脂为主要成分，加入所需要的添加剂而构成的可塑性高分子材料，常见的有聚乙烯、聚氯乙烯、聚丙烯、有机玻璃等。人们根据塑料的可塑性、可调性、重量轻、不导电、耐酸碱、不易传热等特性，制成了各种用途和颜色的塑料制品。有种塑料叫聚四氟乙烯，又名"塑料王"，连王水（硝酸和盐酸的混合物），都不能损坏它，是制作耐腐蚀零件的好材料。近年来又出现了光学塑料、磁性塑料、半导体塑料、感光塑料和耐高温塑料等许多新品种。有的国家已用塑料来制造飞机机舱、小汽车和自行车零部件，甚至用高强塑料来建筑桥梁。

合成橡胶是根据天然橡胶的高分子结构原理，用化学合成方法从石油气里提炼出来的。它比天然橡胶更耐磨、耐热、耐寒、耐油、耐酸碱。比如，硅硼橡胶可在 500℃ 高温下使用，低苯基橡胶能适用于零下 100℃ 的低温。人类合成橡胶虽然仅有几十年的历史，但合成橡胶在数量和品种上早已超过了天然橡胶。

合成纤维是把石油、天然气中的化学物质用有机合成的方法制成单体，然后聚合成高分子物质，再经过抽丝纺制而成的。由于合成纤维具有强度高、耐磨、比重小、弹性小、不蛀、不霉等优点，它们除了做衣织品的重要原料，在工业和军事上也有很大用途。

塑料比钢铁还硬

近年来，又出现了许多具有特殊性能的特种合成纤维，如芳纶纤维、碳纤维、耐辐射纤维、光导纤维、防火纤维等。这些纤维的出现，使人类在征服自然过程中大大向前跨进了一步。就以碳纤维为例，它是用粘胶纤维和合成纤维做原料，在没有氧气的环境下，经高温处理制成的。这种材料的强度极大，一根手指粗的碳纤维可以吊起一个几十吨重的火车头。用碳纤维——陶瓷复合材料制作的高速喷气式飞机的涡轮叶片，能承受 1400℃ 的高温和每分钟三万转的转速。

7. 走向光明的未来

随着新技术革命的到来，新产业革命的兴起，人们不断地向材料科学技术提出了新的难题。空间技术、能源开发、电子技术、激光技术、红外技术、环境保护等新的技术应用领域对材料的要求不断提高，主要

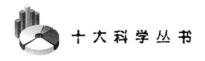

包括超高温（3000℃以上）、超强度（每平方毫米 2000 公斤以上）、微比重（每立方厘米 1.3 克以下）、多功能、无污染（能自毁）、能再生（如生物陶瓷）等。人造材料技术专家为了迎接这些挑战，目前正在向多质复合、超级工艺和"分子设计"的目标挺进。

已有的合成材料大多是单质材料的复合，这不可避免地要受到固有材质的局限。如果把两种或两种以上不同质类的材料在微观结构上扬长避短地结合起来，就能突破单质材料的局限，使复合材料的性能大大提高。例如，有一种刚出现的碳—磷复合材料，已正式用于制造洲际导弹和航天飞机的鼻锥、机翼前缘等部位，作为高级耐烧蚀材料。最使人惊奇的是有一种由硅橡胶和金属合成的"狄纳康"复合材料，竟然具有类似人体的"感觉"功能，这有可能为人工智能的开发研究开辟出一条新路。

人造材料创新的另一个方向是利用最新的科技成果，改变材料的制造工艺和使用方法，使传统的材料献出"绝招"，使新型材料具有"特异功能"。目前已经采用和可望采用的超级工艺有二超高压（二三万个大气压）、超低压（超真空）、超加速加热和超速骤冷（几秒钟内上升或冷却至几千、几万度）、超重力场（高速旋转中产生）、无重力场（失重条件下）。采用这些超级工艺，可生产出超异材料、超纯材料、超导材料等。

以超导材料为例，目前，美、中、日、德等国科学家先后研制成功了能在－200℃左右实现超导特性的材料，它的应用前景十分诱人。用它来输电，可节省电费开支 15％以上。我们通常乘坐的火车是车轮接触轨道利用车轮与轨道间的摩擦力前进的，连号称世界上最快的日本新干线上"光号"列车（时速 256 千米）也是如此。但速度大到一定限度摩擦力就会不起作用，车轮打滑空转不前。而用超导材料制成的超导磁悬浮列车时速可达 500 千米。将它用在电子技术上，可使现在的计算机

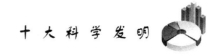

效率提高 10～1000 倍。有些专家预测，在未来十几年内，超导材料的应用将导致一场新技术革命。

　　分子设计又叫分子工程学。主要依靠量子化学、凝聚态物理学、电子计算机技术等多学科成果，在分子水平上研究材料性能，并根据指定性能和要求，重新设计自然界根本不存在的新分子、新材料。如果这项高难技术能够实现，将会根本改变目前的"拼盘炒菜"式的研制新材料的方法，会使人造材料技术来个划时代的飞跃。这一天的到来已为时不远了。

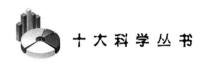

十、青霉素药品

1984 年 3 月的一天，伦敦著名拍卖行——劳埃德商行的拍卖大厅里，人头攒动，熙熙攘攘，人们翘首等待着购买他们想要收藏的珍品。当大厅的钟声连响 8 次以后，拍卖开始了。出人意料的是，最抢手的竟是一篇破旧不堪、不足 20 页的论文手稿。你可别小看这篇手稿，它的报价越抬越高，最后以 2010 英镑的惊人高价被收藏者买走。

这是篇什么论文？为何有如此大的吸引力呢？原来，它是一篇关于青霉素（也称盘尼西林）抗菌剂的论文，出自英国科学家亚历山大·弗莱明之手。多少年来，它是收藏家梦寐以求的收藏珍品，因为收藏家们认为，这篇题为《关于盘尼西林培养液的抗菌作用》的论文，曾改变了人类生活的面貌，它对人类的贡献决不次于蒸汽机和原子能等重大发明的贡献。

1. 人与自然的抗争

自然界的发展和演化孕育了人类，人类又随着自我的发展与完善，逐渐与自然界分离，组成了相对独立的人类社会。人类从诞生的那天起，就同自然界存在着息息相通的关系。人要生存，就必须依赖于自然，向自然界去"索取"，然而自然界并不总是那么"慷慨无私地奉献"，人类在征服自然的同时，也受到自然界的报复。所以，人与自然的抗争从来就没有停止过。

人与自然的抗争是从多方面展开的，其中最重要的恐怕还不是怎样获得劳动资料和怎样支配自然界的问题，而是怎样生存和怎样使生活延续的问题。这种不老不死的愿望，可说与人类的历史同在。在远古时代，由于生产水平和科学知识的限制，人们对大多数疾病都束手无策，所以那时因病死亡的人数相当多，人的平均寿命也很短。人一旦生病，往往去请巫觋驱鬼邪，祈福禳灾，长期以来与巫医分不开。当人们同疾病斗争的经验已积累到一定程度时，便出现了早期的医药学和医疗技术，人类的许多疾病才得以治疗。

在古代封建社会，我国的医药学在世界上是相当先进的。早在公元3世纪的战国末期，就出现了一部重要的医学著作《黄帝内经》，记载了当时形成的中医理论，对脏腑、经络学说以及诊脉和针灸等技术都有细致的描述。到了东汉，大医学家张仲景又进一步发展了前人的中医理论，写了一部很有影响的著作《伤寒杂病论》。

治病自然离不开药，史书《山海经》曾记载一位名叫神农氏的人为给百姓治病，曾"尝百草之滋味，一日而遇七十毒"。神农因而被奉为药学老祖宗。我国最早的药书就起名为《神农本草经》，假托古人神农氏所作。到了16世纪末，我国明朝又出现一位伟大的医药学家李时珍，他不畏艰难、呕心沥血，花费了大半生的时间总结和整理我国的医药学宝藏，写成了50卷本的《本草纲目》，记载了1892种药物和上万条处方，代表了我国古代医药学成就的最高峰。

与我国的中医中药学交相辉映的西方医药学，通过对人体解剖及医药化学的研究也取得了巨大成就，也为人类与疾病抗争做出了重大贡献。特别是近代西方工业革命后，医药科学和技术的发展更为迅速，成

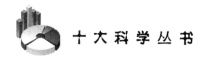

果显著，在许多方面已走在世界前列。这为人类重要的药物——青霉素的诞生提供了条件，正是在这片沃土中，蕴藏着一项伟大的创造。

2. 向细菌挑战

近代医学的一个最大成就，就是发现了人的许多疾病是由人体内极微小的微生物——细菌引起的。19世纪70年代，法国科学家巴斯德发现了微生物后曾预言："人们的传染病也是由于微生物造成的。"几年后，德国人科克验证了这一事实，明确指出了各种传染病均由一定的病原菌引起。当时德国的牛羊正在流行着炭疽病，科克经实验证明炭疽病的病原菌是细长形状的微生物。他还成功地培养和繁殖了这种病原菌，后来，他又把这些微生物染成红色和蓝色，让人们在显微镜下清楚地看到了它们。

此后，医学家又发现了一些细菌，如伤寒菌、淋菌等。科克出于医务工作的需要，对各种疾病的细菌进行了验证。为此他对细菌赖以生存的培养基进行了种种改进，发明了固体的培养基。科克还用自己发明的新技术分离出各种细菌。1882年，他用染色的办法发现了比以前看到的细菌还小得多的细菌——结核杆菌。1884年，他又发现了霍乱菌，进一步也就产生了抑制霍乱传染的办法。长时期危害人类生存的霍乱与结核病由于病原菌的发现而逐步得到控制。可见，巴斯德和科克等人对细菌的发现与研究给人类带来了多么大的益处啊！有人说，他们的发现使人的平均寿命延长10年，这也许并不夸大。

尽管人在与自然的抗争中取得了一定的胜利，但离最后的胜利还差很远。到20世纪20年代，细菌仍是人类的大敌。尽管细菌学家已发现了成为病因的种种细菌，但还是没有找到对付这些细菌的有效办法。有些化学药品虽然可以杀菌，却也会同时伤害人体。小小的细菌就像传说中的小精灵一样，时常出现纠缠着人类，对人类肆无忌惮地进行挑衅，人们更相信自己的力量，勇敢地迎接挑战，那种既能杀死病原菌又对人体无害的药物一定能被发明出来！

起初，科学家们对溶菌酵素抱着很大的希望，可是，随着研究工作的进行，渐渐知道溶菌酵素溶解的只是对人体无害的细菌，重要的病原菌并不为其所溶化。后来，德国科学家又发明了磺胺类药剂，实践证明，这种药剂对各种细菌性疾病发挥了极大的效力，且副作用又不大，所以大受人们欢迎。这类药剂即使在今天也是医院里常用的抗菌药。可是，还是有一些"顽固"的细菌不怕这种药，仍然危害着人们的健康。

难道没有别的药品可以克服那些病原菌吗？人类在与自然的抗争中，需要的是敢于向困难挑战、勇往直前的英雄，这些英雄用他们的智慧、勇气、毅力和才华，谱写出人类战胜自然的篇章。在这千万个英雄之中，亚历山大·弗莱明就是极突出的一位。

细菌时常纠缠着人类

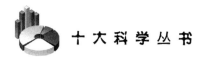

3. 弗莱明的探索

弗莱明生于 1881 年，他父亲是英国爱尔沙亚的一个庄园主，特别爱好自然科学。弗莱明 14 岁时遵从父命到伦敦去同在那儿当医生的哥哥住在一起，随后在一家船运事务所当小工。后来，弗莱明继承了一笔为数不多的遗产，得以在圣玛丽医院学医。在学习期间，聪颖的弗莱明差不多取得了所有的奖金和奖学金。1906 年，弗莱明以优异的成绩毕业，实现了自己要当一名医生的理想。于是，他离开圣玛丽医院，在赖特的预防接种站找到一份临时工作。没想到，在那里一待就是半个世纪。

赖特也是一位著名医生，他深信疫苗对抵抗细菌入侵具有神奇作用，所以，长期以来他以高度的热情从事他的研究工作。他的接种站的经济来源，很大一部分是靠出卖疫苗而获得的收入。弗莱明来到赖特的预防接种站不久，便成为研究小组中一名能干的成员，他发明了一些新的研究方法，制作了一些仪器，深得赖特先生和同伴的赞许。弗莱明很快便成了研究梅毒和用注射洒尔福散治疗梅毒的专家。

正当弗莱明雄心勃勃准备在传染病治疗领域大干一场的时候，第一次世界大战爆发了，残酷的战争使医生这种职业显得更加重要。弗莱明和赖特在这期间一直在战地医院，从事伤口感染的治疗工作。弗莱明是位很有事业心的医生，他并没有因为战争而中断自己的研究，他把研究传染病的热情转移到研究病人伤口感染上，正是这一转变，他很快就抓住了问题的要害。

一天，在弗莱明的主持下，医生们以近乎万无一失的方式进行了消毒灭菌，用抗菌剂对伤员的伤口进行了外科处理，大家一致认为不会出现伤口感染了。可是，几天以后竟有一些伤员因伤口感染、化脓而死去，这件事使弗莱明异常震惊。

从此，弗莱明把注意力集中到给伤员敷用的抗菌剂上。经过精心的观察和反复实验，弗莱明终于找到了使伤口感染的"罪魁祸首"。原来，当时医疗用的抗菌剂实际上是有"毒"的，为此他发明了用来给新的抗菌剂评估的试验方法。由于弗莱明的出色工作，他所在的医院成为防止伤口感染的最佳医院。战争结束后，弗莱明又回到了赖特的接种站，继续从事他心爱的研究工作，战争使赖特接种站的伙伴们减员了许多，但战后的重建工作又为站里增添了新生力量。不久，艾利森大夫成了弗莱明的助手，两人配合默契，工作又取得了新的成效。

1921年，弗莱明和艾利森发现了溶菌酶，溶菌酶是一种大量分布在动植物组织中，能够溶解病菌的生物酶。当时，弗莱明和助手正在做一项生物培养抗菌试验，研究细菌的性质因一再的培养而渐渐变化的现象。当弗莱明观察培养液时，培养液板恰好被一种十分稀少的生物孢子污染。这种偶然的现象一下子把弗莱明的注意力吸引到早先并不认识的具有溶菌作用的酶上。随即，弗莱明转向对酶的研究，他同艾利森一起对溶菌酶开展了大量试验，这为后来发现青霉素奠定了基础。

弗莱明和他的助手研究溶菌酶一晃就是7年，本以为它能够成为一种重要的疫苗或有效的抗菌药物，但他们的目的并未达到，因为溶菌酶对病原菌几乎丝毫不起作用。科学技术研究总要面临成功与失败，有时可能是无数次的失败才会换来一次的成功。失败固然可惜，但宝贵的经验却是千金难买的。没有失败经验的人，不可能尝到成功的甜头。1928年，弗莱明终于发现了具有划时代意义的药品原料——青霉素，在科学技术的历史上写下了令人永远难忘的一章。

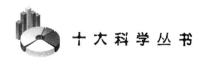
4. 千呼万唤始出来

1928 年夏天，天气格外炎热，赖特生物研究中心破例让大家休一次避暑假，大家都跑向海滨避暑胜地或一些清凉宜人的地方去了。几天来的连续失败使弗莱明心情格外烦躁，他放下手中的实验，准备去海滨避暑。天气热得透不过气来，什么事也干不下去，望着实验台上杂乱无章的器皿，弗莱明心灰意冷地锁上了实验室的房门。

9 月初，天气渐渐凉爽下来，人们也心平气和了，赖特生物研究中心又恢复了往日的气息。休完假后，弗莱明来到实验室，准备看一看他度假前搁放在工作台上的一堆盛有培养液的器皿。他望着已经生毛发霉的试验器皿深感追悔未及，本应该在度假之前就把这些东西收拾好，使它们保持干净，但后悔也没用了。于是，他像从前一样想把器皿中的实验物倒掉，以便重新开始工作。

就在临倒之前，弗莱明又仔细地看了看主要的几个器皿，忽然他发现其中长有青霉的器皿中，青霉点周围十分清澈，以前在这里培养的葡萄球菌全都不见了！也许由于弗莱明脑子里已经有了溶菌酶的概念，特别是有经历失败后所获得的宝贵经验，因此，他对这一发现并没有惊讶。他推测：大概是青霉能分泌特殊的杀菌素，把葡萄球菌全部杀死了。于是他决定将这些菌落进一步培养观察，并对它们作进一步深入的研究。

在研究中，弗莱明偶然想起儿时的一段往事：有一天他不小心划破了手指，母亲取来已发霉的面包上的青霉，涂抹在他手指的伤口处。当时英国民间盛行这种用发霉面包上的青霉治疗割伤的办法。弗莱明把这段往事与他的研究联系起来，心想："能不能用青霉分泌物来作杀菌药品呢?"于是,弗莱明又投入到实验室中,他将霉菌菌落在常温下放在器皿中培养了5天,再将其他多种生物培养液以条状穿过菌落,然后再用培养液加以培养。他在笔记本上记录了如下结果:"某些生物体直接朝霉菌生长,甚至越过并覆盖住了霉菌,而葡萄球菌却在霉菌前2.5厘米处停下了。"在随后的一次试验中,弗莱明向装有混浊的葡萄球菌悬殊体瓶中又加入一些霉菌培养液,发现3小时后悬珠体混浊液开始变清,说明葡萄球菌已被杀死。

后来,弗莱明在他那灰色布面的实验记录本上,写下了这样一句使他誉满全球的一段话:"这表明在霉菌培养液中包含着对葡萄球菌有溶菌作用的某种物质。"这种抗菌物质后来被命名为盘尼西林,即青霉素。

从表面上看,弗莱明发现青霉素的过程应归功于偶然或意外带来的机遇。在科技史上,这种由偶然导致发明创造的事例比比皆是,如阿基米德在洗澡时发现了浮力定律,古德伊尔在实验室意外发现橡胶硫化工艺,鲁班在上山的路上产生了发明锯的思路……其实,这些表面的偶然性中隐藏着必然性,那就是发明家对问题的长期深入思考和执着的追求。没有一定的积累和知识基础,即使机遇到眼前也是抓不住的。

机遇并不为发明者提供现成的科技成果,它仅是起到开启发明家的创造思路,为探索者提供获得新发现的机会。巴斯德曾说过:"机遇只偏爱那些有准备的头脑。"因此,作为发明家就应该时常保持有准备的头脑,时刻留心"意外之事",一旦机遇出现,就能够认出它、抓住它、探索它、利用它,沿着机遇启示的思路,解决自己所面临的问题。弗莱明就是一位善于把握机遇的人,所以他取得了成功。

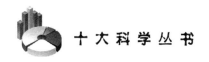

5. 继续登攀——由发现到发明

发现只是一种认识活动，它的目的是通过观察和实验来找出自然界的事物或现实的某种规律，使人获得知识。但人的实践活动只有认识还不行，还必须利用这些认识成果来改造自然，为人类造福，这就需要将发现转化为发明。在实验室里认识到青霉菌中的某种物质可以杀死病原菌后，医生的任务并没有完成，他还要想办法提取这些物质，并把它们做成可实用的药品，而且还要保证可以在工厂中批量生产。这之中还有更复杂的工作等着人们去做呢！

葡萄球菌是一种可以致病的细菌，许多疾病都是由它引起的。所以，青霉素的发现使弗莱明异常兴奋。他和年轻的助手德利·克莱道克一起开始研究青霉菌的活动规律。发现这种青霉菌能够生存在许多不同的生物体中，生命力极强。把它稀释后，注射到健康的白鼠身上，证实没有任何副作用。一系列试验结果使弗莱明高兴极了。他认为青霉素正是他长期梦寐以求的"完善无缺的抗菌剂"。

1929 年 5 月，弗莱明正式发表了关于青霉素研究的论文。然而，论文的发表并没有给弗莱明立即带来赞扬和荣誉，相反，青霉素的试验又传来了不祥的消息。这些试验显示了青霉素的致命弱点：青霉素花 4 个多小时才能把细菌杀死；在有血清存在的情况下，青霉素几乎完全丧失杀菌能力；如果将青霉素液通过静脉注射到兔子身上，它 30 分钟之后就会在兔子的血液中消失，并不能穿过感染的组织，因而不能将表层下面的细菌消灭。

这些试验结果使弗莱明把青霉素作为一种全身或局部性抗菌剂的希望破灭了。面对困难，弗莱明感到，继续研究青霉素在临床上的使用，恐怕是一件得不偿失的事了。此外，青霉素液是由青霉菌制成的，而青霉菌数量极少，要利用它作医药，这是不可能的。如果以化学合成的办法来制造，必须先进行分离、精制等工作，还要阐明其分子结构。当时一位生物化学家开始致力于这项工作，但最后没有成功。弗莱明知道这件事后，也放弃了对青霉素的研究，对它的兴趣也开始淡了下来。1936年，磺胺类抗菌药第一次在世界上出现，更使得青霉素黯然无光，人们几乎忘掉了它。历史是位最公正的老人，10年后，青霉素正式登上了医药学的舞台。

尽管弗莱明放弃了对青霉素的研究，但他曾发表的论文却终于找到了"知音"，正是那篇论文唤起了许多人对青霉素的重视。从1933年开始，一位名叫欧内斯特·金的专门研究酶的化学家使青霉素焕发了青春。这位化学家在搜集文献时惊奇地发现了弗莱明的论文，他对弗莱明关于溶菌酶的设想非常感兴趣，他随即又将此论文推荐给英国著名的病理学家弗罗里。不久后，弗罗里证明青霉素既不是一种溶素也不是一种酶，但他对青霉素的抗菌效力十分满意。1940年，弗罗里在做动物实验时证实，青霉素具有强大的杀菌作用，这进一步鼓舞了弗罗里。

为了筹措资金，弗罗里四处奔走，最后终于获得了洛克菲勒基金会资助的一笔庞大资金，这才开始了正式的开发研究。在动物试验宣告成功后，他接着想要做临床试验，但这得大量制造青霉菌才行。于是，弗罗里不辞辛苦地又飞到美国，四处向犹豫不决的药厂游说，最后计划终于实现。为了尽快用于临床实验，他先在牛津大学建起了一座简易工厂，翌年，提纯青霉菌的工厂正式开工。

1941年，弗罗里将纯化后制成的青霉素液用于病人身上，取得了明显的疗效。但遗憾的是，他发表的成果报告并没有引起公众的多大兴趣和反响，甚至连弗莱明本人也对此不置可否。

长江后浪推前浪，真正的事业总会有有识之士去继续完成。使青霉

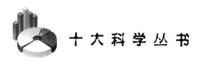

素得以声名大震的，还得归功于当时的一位社会知名人士。这位人士是弗莱明的一位好朋友，1942 年 8 月，他患了脑膜炎，虽经磺胺药物治疗，但仍无效果。弗莱明眼看他的朋友快死了，决定采用青霉素试试。于是他向弗罗里求援，弗罗里为他提供了一些纯化青霉素药液，并告诉他使用办法。看来，这位青霉素的最早发现者在临床应用方面，却落在别人的后面了。

用药之后，濒临死亡边缘的病人奇迹般地恢复了健康。这位知名人士使弗莱明大夫马上成了无数家报纸采访的中心人物，同时，青霉素也由各种新闻媒介广泛传开了。随即，青霉素药治疗各种疾病的神奇功能日益为人们所认识，在欧洲引起了一场"盘尼西林旋风"。不久，青霉素药品闯遍天下，成了各科医生案头必备的抗菌剂，荣誉也像雪崩一样向弗莱明涌来。

在美国大量生产的青霉素药品空运到英国，供伦敦各大医院临床使用，出现了意想不到的药效。"奇迹般的灵药出现了！"——人们竞走相告，轰动一时。可这时第二次世界大战爆发了，由于战争期间报道受到

青霉素药成了人类的大救星

限制，因而在发明青霉素药品的英雄名单上，功不可没的弗罗里却榜上无名，实在是件遗憾的事。曾经培养过弗莱明的圣玛丽医院也趁此宣传青霉素药的发明者乃是该院的优秀毕业生弗莱明，这样一来，弗莱明便一枝独秀地成了大英雄。

1945年，战后首届诺贝尔医学奖颁给青霉素的发现者，当时风传弗莱明大有可能单独获奖，但结果这项殊荣却由弗莱明、弗罗里，以及弗罗里的同事、德国生物化学家柴恩三人共同获得，这无疑是一个较完满的结局。在这以后的十多年里，弗莱明继续攀登在充满胜利和成功，也充满荆棘和曲折的探索路上。他曾经获得过15个城市的荣誉市民称号，25个荣誉学位以及140多次重大奖项、荣誉和奖励。他的创造性工作对人类的生存和发展意义重大，人们不会忘记他。

人在与自然的抗争中，尽管经历了无数次成功与失败的考验，饱尝着喜悦与痛苦，取得了一个又一个回合的胜利，但路漫漫兮而道远，这只是万里长征所走完的第一步。人类凭借其智慧所创造出来的科学技术，可使人能"上九天揽月，下五洋捉鳖"，然而，人类在对人体自身奥秘的认识，以及对各种人体疾病的治疗手段方面，仍显得幼稚和不成熟。显然，认识及控制人自身要比认识和控制自然更难。今天，癌症、艾滋病等仍是使医学家望而生畏又难以根治的病症。

然而，一旦回想起青霉素药品曲折的发明过程，我们深深对人类的无穷智慧和勇气充满信心，科学技术的发现和发明，都是一个从无到有的过程，过去没有的，甚至不敢想的，今天却已变成现实；同理，今天没有的，或者今天所不敢想的，难道不可能成为明天的现实吗？弗莱明等科学家对青霉素药品的发明，给我们提供一个重要的启示，那就是，世上无难事，只要肯登攀。

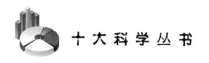

后 记

　　几年来，本人在高校从事教书之余，也动笔写了一些科普读物，有科技史的，有介绍现代科技的，也有培养青少年进行创造性思维的，有的作品还获得了很高的奖励。有时回想起来常常苦叹做学问、"爬格子"的艰辛，但每当看到我的书能吸引那么多青少年朋友去阅读，并使他们有所启迪有所进步时，我心里总是有一种说不出的喜悦和快慰。我永远都是青少年的朋友。

　　写作《十大科学发明》一书时，心中又增添了几分感慨。近几年，随着对外开放，受到各种思潮的冲击，我们的社会弥漫着一股重名利轻科学、喜俗厌雅之风，社会上伪科学盛行，科普读物遭到冷落，许多青少年津津乐道于"四大天王"，却不知我们古代的"四大发明"，更不知瓦特、爱迪生等著名发明家。知识贬值，脑体倒挂，经商热、打工热、挣钱热似乎成了社会的主流。对此，有识之士无不忧心忡忡，无不悲哀地预言，在这些孩子中恐怕再也不会出现像司马光、沈括、张衡、毕昇这样的学者和发明家了。

　　一个民族没有"四大发明"固然令人遗憾，而拥有这样伟大的发明却不珍惜，却没有一种奋发图强再去创造四大发明的雄心和精神，则更为不幸。由此，使我感到让更多的青少年朋友热爱科学关心科学，立志长大献身于科学，应是当今每一位教育工作者义不容辞的责任，也应是全社会共同的责任。但愿这类科普读物越来越多，以满足青少年学生的需要。

　　本人在写作过程中，得到了东北大学技术与社会研究所技术史专家远德玉教授的指导，同时得到了国内学者路齐一、姚诗煌、朱长超、郁虹、曲直、王兵、田丽君、白桦等人的帮助，本人在此表示衷心的感谢。由于时间较紧，且水平有限，书中不可避免地会存在一些粗疏和不完善之处，希望读者及学术界同仁多多批评指正。

王　滨

1995 年 10 月 1 日于东北大学

技术与社会研究所